LEÇONS PRIMAIRES

DU

LAVIS DES PLANS,

DONNANT

Les moyens de composer, de varier et d'employer les teintes qui servent à faire distinguer sur un plan les diverses possessions champêtres, les terres en culture, les prés, les vignes, les vergers, les bois, les jardins, les édifices, les étangs, etc.;

OUVRAGE

Faisant suite aux Leçons primaires d'*Agrométrie* ou d'*Arpentage* et aux Leçons primaires de *Géodésie* du même auteur.

PAR **GILLET-DAMITTE** (DE JANVILLE),
OFFICIER DE L'ACADÉMIE DE PARIS,
Breveté pour l'instruction primaire élémentaire et supérieure, breveté pour l'instruction secondaire, Membre de la Société d'agriculture de Chartres, Membre honoraire du Comice agricole de Sully et Ouzouer-sur-Loire, etc.

Paris.
PITOIS-LEVRAULT ET Cie,
RUE DE LA HARPE, 81.
1840.

EXTRAIT DU CATALOGUE GÉNÉRAL
De la Librairie de Pitois-Levrault et Cie,

L'ÉCHO DES ÉCOLES PRIMAIRES,
Journal des Instituteurs et Institutrices, 3e ann., prix pour 1 an : 6 fr.

Abécédaire de chant ; par J. Mainzer. 1 fr.
Abrégé de la Grammaire populaire, par Ch. Martin. 1 vol. in-12. 60 c.
Abrégé de géographie, par Laur. 1 fr.
Analyse grammaticale raisonnée, par Martin. in-12. 75 c.
Analyse logique raisonnée, par le même. in 12. 75 c.
Arithmétique des écoles primaires. in 32. 30 c.
Arithmétique raisonnée, par Baget 1 vol in-12. 1 fr. 75 c.
Art d'enseigner la langue française, par Ch. Martin. 1 vol. in-12. 1 fr. 75 c.
Bibliothèque élémentaire de chant. 40 c. livraison dont 5 ont paru.
Caisses d'épargne des écoles primaires, registre de dépôts. 1 fr 50 c. ; six cahiers de reçus. 1 fr. 25 c. chaque.
Cent mélodies enfantines ; par Mainzer. 90 c.
Choix de poésies faisant suite aux secondes lectures françaises, par Willm. 2 fr. 50 c.
Collection de tableaux représentant plus de 2,000 problèmes à résoudre avec le cahier des solutions, par Ferber. 1 fr. 25 c.
Cours pratique de cosmographie et de géographie, par MM. Ch Martin et Édouard Braconnier. 1 vol. in 18. 90 c.
Cours de lecture ; par Vanier. 1 fr. 75 c.
Domine salvum fac regem à 1, 2 et 3 parties, suivi d un O salutaris, par de Lafage 60 c.
Eléments de calcul et de dessin linéaire, par Pénot. 2 fr. 50 c.
Eléments de dessin linéaire. 60 c.
Enseignement du Calcul mental, par Ferber. 1 vol. in-12. 1 fr. 25 c.
Étrennes grammaticales ou les Pourquoi et les Parce que de la langue française. 1 vol. in-18. 1 fr. 50 c.
Exercices pour former le raisonnement des enfants par Reussner, 1 fr.
Géographie universelle, par Houzé. 3 fr.
Grammaire des écoles primaires supérieures, par Ch. Martin et Braconnier. 1 fr. 75 c
Grammaire populaire pratique, par Ch. Martin. Nouvelle édition. in-12. 1 fr. 25 c.
Grammaire pratique de Vanier. in-12. 75 c.
Grammaire française de Lhomond, annotée par Ch. Martin. 30 c.
Grandes cartes muettes. 4 fr.
Guide de l'instituteur primaire pour l'enseignement du calcul et plus particulièrement du système métrique, par C. Ferber. 1 vol. in-12. 1 fr. 50 c.
La clef des participes, par Vanier. 1 vol. in-12. 1 fr. 50 c.
La Morale en action, revue par Quitard et Ch. Martin. 1 vol. in-12 1 fr.
L'ami des écoliers, par Mœder. 1 fr. 50 c.
L'art d'enseigner à lire aux enfants ainsi qu'aux adultes, par V. A. Vanier. 1 vol. in-12. 30 c.
Leçons abrégées d'arithmétique, par Baget. 90 c.
Leçons graduées de lectures manuscrites, par Ch. Martin. 1 vol. in-12. 75 c.
Leçons primaires d'arpentage, par Gillet Famille. 75 c
Leçons primaires de géodésie agraire, par le même. 75 c.
Le complément des études sur la langue française ou Rhétorique pratique des écoles primaires nouvelle édition, par Ch. Martin, partie du maître. 1 vol. in-12. 1 fr. 75 c. partie de l'élève. 1 vol. in-12. 1 fr.
Lectures morales et récréatives, par Ch. Martin. 1 vol. in 12. 90 c.
Le voleur grammatical, par Martin. 2 fr.
Livre d'instruction morale et religieuse, in-12. 1 fr. 25 c.
Mécanisme de l'écriture expédiée. Vanier. 1 f.
Manuel d'exercices de style et de compositions françaises, par Huffet 2 fr. ; pour l'élève, 75 c.
Méthode de lecture, p. Abria. in-18. 15 c.
Méthode de chant pour les enfants et les demoiselles, par Mainzer. 2 fr.
Méthode de chant pour voix d'hommes, par le même. 1 fr. 25 c.
Nouveau dictionnaire français, par Ch. Martin d'après la dernière édition de l'Académie, précédé des participes réduits à une seule règle, par Vanier. in-32. 1 fr. 25 c.
Nouveaux éléments de grammaire en 48 leçons, par Peigné. 1 fr. 25 c.
Nouveaux tableaux de grammaire, par M. A. Peigné. 48 tableaux. 5 fr.
Nouveaux éléments de géographie ; par Houzé. 75 c.
Petite géographie populaire, par Ch. Martin et Édouard Braconnier. 60 c.
Petite morale de l'écolier. 1 vol. in-18. 10 c.
Précis élémentaire de mathématiques, par J. Morand. Première partie, 2 fr. 50 c. ; deuxième partie, 3 fr.
Premières lectures françaises, par Willm. in 12. 1 fr.
Premières leçons ou introduction à l'étude du chant, par Mainzer. 50 c.
Principes d'écritures, contenant 25 planches, par Marprez. 1 fr. 60 c.
Recueil de fac simile de toutes espèces d'écritures. in-8. 1 fr.
Recueil de discours propres aux examens et distributions de prix, par Martin. 1 fr. 50 c.
Recueil de motets en plain-chant, par de Lafage. 3 fr.
Récompenses aux enfants sages et studieux. Collection de vol. in-18 à 15 c.
Résumé de l'histoire de France ; par Martin. 1 fr. 25 c.
Second Livret de lecture. 1 vol. in-18. 20 c.
Secondes lectures françaises ; p. Willm. 2 f. 50 c
Syllabaire, premier livret de lecture. 25 c.
Tableau synoptique ; par Vanier 3 fr.
Théâtre des écoles primaires, p. Martin. 60 c.
Traité élémentaire des poids et mesures, par Pénot. 60 c.
Transparents ; par Vanier. 10 c.
Vocabulaire de la langue française, par Ch. Martin : 3e édition. in-12. 75 c.

LEÇONS PRIMAIRES

DU

LAVIS DES PLANS.

Tous les exemplaires sont signés de la griffe de l'auteur et de celle des éditeurs. Les exemplaires non revêtus de cette formalité sont réputés contrefaits, et seront poursuivis comme tels.

SYNTHÈSE LOGIQUE, ou Cours élémentaire de COMPOSITION RAISONNÉE, ouvrage pouvant tenir lieu de tout traité d'*analyse logique*, ayant pour but, au moyen d'un procédé nouveau, de *former le jugement*, et de faciliter, par des exercices bien gradués, l'*énonciation des idées;* à l'usage des Colléges, des Pensions et des Écoles des deux sexes; par L.-G. TAILLEFER, inspecteur de l'Académie, chevalier de la Légion-d'Honneur, etc., et GILLET-DAMITTE, breveté pour l'instruction primaire élémentaire et supérieure, breveté pour l'instruction secondaire, officier de l'Académie de Paris.

1 vol. in-12, partie du maître. 2e ÉDITION.
1 vol. in-18, partie de l'élève.

IMPRIMERIE D'HIPPOLYTE TILLIARD, RUE S.-HYACINTHE, 30.

LEÇONS PRIMAIRES

DU

LAVIS DES PLANS,

DONNANT

Les moyens de composer, de varier et d'employer les teintes qui servent à faire distinguer sur un plan les diverses possessions champêtres, les terres en culture, les prés, les vignes, les vergers, les bois, les jardins, les édifices, les étangs, etc.;

OUVRAGE

Faisant suite aux Leçons primaires d'*Arpentage* et aux Leçons primaires de *Géodésie* du même auteur.

PAR GILLET-DAMITTE (DE JANVILLE),
OFFICIER DE L'ACADÉMIE DE PARIS,
Brevelé pour l'instruction primaire élémentaire et supérieure, breveté pour l'instruction secondaire, Membre de la Société d'agriculture de Chartres, Membre honoraire du Comice agricole de Sully et Ouzouer-sur-Loire, etc.

Paris.
PITOIS-LEVRAULT ET CIE,
RUE DE LA HARPE, 81.
1840.

AVERTISSEMENT.

En publiant cet opuscule, nous devons nous hâter de prévenir nos lecteurs que nous n'avons voulu leur offrir sur cette matière qu'un travail élémentaire. Chacun sait que l'étude de la Topographie, quand on veut la pousser loin, devient une étude sérieuse, exigeant la connaissance approfondie du dessin linéaire et des notions suivies de géométrie. Notre but sera atteint si nous avons rendu facile aux Instituteurs l'art de colorier avec netteté et agrément les plans de détails qu'ils sont appelés à dresser.

D'un autre côté, nous pensons que ce petit livre peut être de quelque utilité aux élèves qui se livrent à l'étude de la Géographie par le dessin des cartes. Ils trouveront dans nos éléments tous les renseignements nécessaires pour manier avec succès le tire-ligne, varier et employer les couleurs employées dans ce travail, dessiner les montagnes et laver les eaux. Ces opérations sont si importantes, que la carte devient peu agréable quand elles sont mal faites, quelque exact que soit d'ailleurs l'ensemble du travail.

Quoi qu'il en soit, nous engageons MM. les Instituteurs à exiger que les pièces de terre qu'ils ont fait arpenter ou diviser à leurs élèves soient par eux dessinées et lavées convenablement. Ce genre d'exercice les amène peu à peu à faire les choses avec goût, et les repose agréablement des abstractions pénibles du calcul et de la géométrie.

Sans donner aucune préférence à l'ancienne et à la nouvelle méthode admise pour le dessin et le lavis des plans, nous les exposons toutes les deux quand elles ont des différences tranchées.

Nous croyons devoir payer ici le tribut de notre juste reconnaissance envers M. Alphonse Niquevert, peintre d'histoire, élève de David, et notre compatriote. Cet artiste distingué, dont nous nous honorons d'avoir été l'élève, nous a constamment obligé de ses avis, et plus d'une fois en cette matière, comme dans plusieurs occasions, nous avons reçu de lui d'excellents conseils.

Nous devons aussi faire à M. Suffit, maître de poste de Sully-sur-Loire, nos remercîments sincères pour l'empressement amical qu'il a mis à propager nos travaux dans sa localité.

LEÇONS PRIMAIRES

DU

LAVIS DES PLANS.

LEÇON PREMIÈRE.

Ce que c'est qu'un plan, et pourquoi on le colorie.

Un dessin, en général, est la fidèle représentation sur le papier, sur la toile ou sur toute autre matière, d'un objet quelconque, au moyen du tracé des contours de cet objet.

On appelle, en général, *plan*, ou *un plan*, le dessin géométral de la superficie d'un terrain quelconque. On lui a donné ce nom, parce que le dessin d'un plan représente la forme de la superficie telle qu'on la conçoit, s'il était possible d'y ajouter en tout sens une règle parfaitement dressée. C'est pourquoi, sur un plan, les montagnes sont réduites à leur projection; les rochers, à leur superficie. Les édifices sont représentés par la surface de leurs murailles; les enclos, par celle de tout ce qui leur sert de limites, comme les murs, les haies vives, les haies mortes, les fossés; les bois, enfin, sont représentés par leur surface réduite, que l'on distingue au moyen d'un dessin ou d'une teinte conventionnelle.

Un plan est donc le dessin d'une superficie. Or, toute superficie ayant pour termes, pour contours, des lignes de dimensions différentes, il s'ensuit que le plan d'un bois peut ressembler au plan d'une prairie, d'un jardin ou d'une terre labourable, si l'on n'a des moyens de distinguer chaque nature de possessions.

L'on est donc convenu de donner au plan de chaque

superficie une couleur ou teinte légère qui puisse les faire remarquer de celui qui observe le plan. La teinte vert-pré convient à un pâturage et à un champ de blé en herbe, tandis qu'on donnera à une vigne une couleur purpurine conforme à celle du raisin à maturité. Ainsi, sans parler de l'agrément que la diversité des couleurs bien employées répand sur un plan d'ailleurs exactement tracé, le *lavis* devient comme le complément nécessaire, indispensable, d'un dessin géométral.

Quoi qu'il en soit, la première qualité du tracé d'un plan, considéré sous le rapport du dessin, c'est la pureté, la netteté et l'égalité du trait. Nous allons nous occuper de la manière de dessiner le trait, et nous parlerons ensuite de l'emploi des couleurs.

DESSIN DU TRAIT DANS UN PLAN.

LEÇON DEUXIÈME.

Du papier convenable aux plans.

Quand un plan a été dessiné au crayon, on remplace par un tracé à l'encre les traits qui ont été faits au moyen du crayon. Nous ne parlerons pas ici de l'usage du compas, des précautions à prendre pour obtenir un dessin géométrique mathématiquement exact. Ces détails appartiennent au lever des plans (1). Nous devons supposer ici que le plan est *rapporté*.

(1) Voyez Leçons primaires *du lever des plans*, qui paraîtront sous peu, par Gillet-Damitte, ou *méthode d'arpentage et du lever des plans*, dédiée à M. Francoeur, par le même auteur. Chez Pitois-Levrault et Cie, rue de La Harpe, 81.

Pour passer au trait convenablement un plan *rapporté*, il faut, 1° que le rapport ait été fait sur du papier propre à recevoir ce genre de travail; 2° avoir un bon tire-ligne et savoir le manier; 3° de l'encre de Chine de bonne qualité.

Tout papier est propre à recevoir un plan, pourvu que ce papier soit suffisamment épais et suffisamment collé.

Le papier doit être épais, attendu qu'étant le plus souvent destiné à recevoir les couleurs du lavis, il s'imbiberait trop vite s'il était sans corps et sans consistance. Pour la même raison, il doit être collé. Quand le papier est peu collé, ce qui arrive assez souvent, il s'emboit promptement, et rend difficiles tous les travaux qu'on désire y faire. On peut atténuer ce défaut en l'enduisant d'une couche d'eau gommée; voici comment: Mettez dissoudre dans un verre d'eau bien pure un morceau de gomme arabique purgée de matière étrangère, et d'une grosseur à peu près égale à celle du pouce. La gomme arabique se dissout lentement; c'est pourquoi on ferait bien de se procurer chez un pharmacien cette substance réduite en poudre.

Ainsi préparée, la gomme arabique, jetée par petite quantité dans le verre d'eau, se fond assez vite. Cependant, à la campagne, si vous n'avez pas de gomme arabique, prenez celle qui découle des abricotiers, des amandiers ou des pruniers; on peut s'en servir avec économie. Quand la gomme est dissoute, vous couvrez d'une couche de cette eau le papier destiné au plan, et quand il a été séché, vous en faites usage. Nous le répétons, l'eau doit être légèrement gommée. S'il en est autrement, le papier, mis en contact avec l'air, prend un ton couleur jaune, et rend impossible tout travail.

En général, tout papier à dessin est propre à recevoir le lavis; cependant le papier dit de *Hollande* est celui qui est préférable. Il est épais et fort bien collé. On le reconnaît à certaines petites raies parallèles qui se font remarquer dans son moulage.

Le papier a besoin d'être bien tendu. Pour cela, on mouille au pinceau le revers de la feuille, puis on la colle sur la *tablette à dessiner*. On appelle ainsi une petite table bien dressée, sur laquelle on assujettit le papier mouillé avec la colle à bouche.

Cette colle n'est autre chose qu'une bande de colle forte purifiée, et dans laquelle on a fait entrer une légère quantité de sucre candi et d'essence de citron. Un morceau de colle à bouche se vend 25 cent., et peut durer fort longtemps. On l'amincit avec un couteau, et on lui donne la forme d'un ciseau de menuisier, afin de la rendre plus susceptible de glisser sous le papier. On doit éviter, en faisant usage de la colle à bouche, de la mâcher, d'en détacher des parcelles, ce qui a lieu par un frottement trop brusque. L'inconvénient qui en résulte, c'est de former des inégalités sur la partie collée du papier. Il est facile, avec un peu de soin, de se servir de la colle à bouche, sans empâter d'une manière désagréable les bords du papier. Nous allons parler de la manière de s'en servir dans une autre circonstance.

Il arrive communément qu'un plan est d'une longueur plus grande que la dimension ordinaire d'une feuille de papier. Par exemple, le plan d'un chemin vicinal, de la rue d'un bourg ou d'une petite ville exige, une grande longueur, tandis que la largeur est fort réduite. Dans ce cas, on colle le papier de la manière suivante :

1° Perpendiculairement à l'une des longueurs de la première feuille, vous coupez à demi avec un canif l'épaisseur du papier, en laissant sur l'extrémité une petite bande. Vous rabattez cette petite bande sur le côté opposé à l'incision, puis vous déchirez la bande, en prenant bien garde d'attaquer le bord formé par l'incision. Après cela, avec un grattoir, vous égalisez la déchirure. Il résulte de cette opération que le papier est coupé en biseau. Vous faites subir la même préparation à l'autre feuille, puis vous ajustez les deux extrémités en posant l'une sur l'autre. Il n'est pas nécessaire que les deux parties qu'on veut coller aient plus de 6 millimètres de largeur.

2° Quand vous avez ajusté l'une sur l'autre les deux feuilles, vous les maintenez en cet état au moyen de deux corps pesants que vous posez l'un au haut et l'autre au bas des deux feuilles, puis vous commencez par coller le milieu.

Dans cette opération, vous avez soin de ne pas trop mouiller la colle à bouche, mais vous la faites glisser d'une main entre les deux bandes du papier, tandis qu'avec le pouce de l'autre vous appuyez sur l'endroit du papier où passe le petit pain de cette colle. Vous frottez les parties qui en ont été humectées; et pour que le frottement ne macule pas le papier, on place dessus une petite feuille, qu'on renouvelle lorsqu'elle est usée par le travail. Quand on a collé le dessus, on retourne les deux feuilles et on les colle semblablement par dessous. Tout ce travail peut se faire avec la plus grande propreté, et c'est ce qui doit avoir lieu; car rien ne dépare plus un plan qu'un collage où apparaissent des marques jaunes; la poussière s'y attache.

Manière d'assujettir le papier sur la table à dessiner.

Si le papier du plan n'est pas d'une grandeur plus qu'ordinaire, vous le mouillez au revers de la feuille en y passant une couche d'eau avec un pinceau. Cela fait, vous en collez les bords sur la tablette. Lorsqu'il est sec, il demeure parfaitement tendu.

Si, au contraire, le papier du plan est d'une très grande longueur, comme il arrive pour les plans d'une rue, d'une route ou d'un chemin vicinal, vous l'étendez sur la table à dessiner, et vous le fixez au moyen de *plombs en marbre* à cela destinés.

De la table et de la tablette à dessiner le plan.

Pour tracer un plan avec quelque succès, il est indispensable d'avoir une *table à dessiner*. Cette table est faite en bois blanc bien sec, de planches parfaitement unies et parfaitement jointes, et maintenues au moyen d'une clef en chêne. A défaut de la table, on a une tablette, qui est une table beaucoup plus petite, qu'on peut plus facilement transporter.

LEÇON TROISIÈME.

De l'encre qu'on emploie dans les plans, et du tire-ligne.

La seule encre dont on doive faire usage dans un dessin de plan est l'encre de Chine. Le commerce la fournit sous la forme de pain. Cette substance est généralement d'un prix assez élevé, et l'on en rencontre beaucoup de mauvaise qualité. L'encre de Chine mauvaise est ordinairement grumeleuse, terne, et toujours d'un noir sale; elle se délaie très facilement. Celle de bonne qualité est dure, cassante et luisante. Si l'on frotte sur l'ongle mouillé le petit pain, il se délaie sans heurter; le noir en est brillant.

L'encre de Chine doit être employée dans le plan, non seulement pour le trait, mais encore pour toutes les écritures, 1° parce qu'elle sèche très promptement; 2° parce qu'en cas d'erreur dans le tracé ou dans les écritures, il est possible, quand on s'est servi d'encre de Chine, d'enlever les traits et l'écriture pour effectuer les corrections.

Pour obtenir un beau noir d'encre de Chine, il faut la délayer de la manière suivante : Dans une soucoupe ou godet, d'environ cinq centimètres de diamètre, vous jetez quelques gouttes d'eau bien pure; vous frottez le pain lentement et sans appuyer. Si l'encre est de bonne qualité, cette opération dure un peu de temps; on continue jusqu'à ce qu'on soit parvenu à donner une couleur très foncée à la teinte. Pour se convaincre qu'on est parvenu à ce résultat, on essaie la teinte sur un papier blanc. Quand l'épreuve est sèche, il est permis d'en juger.

On doit éviter de se servir d'encre trop épaisse. En été, la température la dessèche promptement. On diminue cet inconvénient en tenant le godet couvert. Malgré cette précaution, si l'encre vient à s'épaissir, on y jette une ou deux gouttes d'eau; puis, avec un bouchon de liége, on frotte la substance comme avec une petite molette à broyer, et la teinte peut encore servir quelque temps. Lorsqu'elle vient à sécher une seconde fois, il vaut mieux laver le godet et faire de nouveau de l'encre. En général, l'encre qui a servi et s'est séchée, doit être renouvelée.

Manière d'enlever sur le papier d'un plan les traits défectueux.

Il arrive communément au dessinateur, même le plus habile, de confondre deux points et de tracer de fausses lignes. Pour réparer ces sortes d'erreurs, il est des personnes qui font usage du grattoir. Ce moyen doit être entièrement rejeté, car les endroits grattés s'imprégnent de poussière, et s'emboivent lorsqu'on donne une teinte de lavis. Voici ce qu'il convient de faire : Avec une éponge fine moyennement remplie d'eau, vous lavez les traits que vous désirez enlever. Vous évitez de frotter trop durement le papier et de le tenir privé d'eau. Tant que le frottement a lieu, l'eau doit abonder, et à mesure que l'encre disparaît, on enlève l'eau avec l'éponge. L'on a soin aussi d'étendre le liquide, afin qu'il sèche peu à peu. De la sorte on aurait la facilité d'enlever la moitié du tracé d'un plan passé au trait à l'encre de Chine. Mais si l'on avait fait usage d'encre ordinaire, il faudrait renoncer à rien enlever; et, en cas d'erreur, on se verrait forcé de recommencer tout le travail. D'un autre côté, le trait passé à l'encre ordinaire se décompose et rougit, s'il vient à être humecté par le lavis.

Du tire-ligne.

Rien de si commun que cet instrument, rien de si rare que d'en trouver de bonne qualité. Toutes les *boîtes à dessiner* portent des tire-lignes qui, presque tous, sont mal construits.

Un tire-ligne, pour être bon, a besoin d'avoir ses deux lames parfaitement égales de longueur et d'épaisseur. La pointe des lames ne doit être ni trop aiguë, ni trop arrondie.

Pour les traits de force, l'on fait usage ordinairement d'un grand tire-ligne.

Pour les traits fins et moyens, l'on a un tire-ligne petit et bien trempé.

Les meilleurs tire-lignes dont je me sois servi sont ceux de Richer. Le prix ordinaire est d'environ 3 francs. Nous insistons sur la nécessité d'avoir un bon tire-ligne.

Cet instrument est si simple, que presque tout le monde croit pouvoir s'en servir sans aucune difficulté. Cependant il est très difficile de manier le tire-ligne avec un plein succès.

Du trait au tire-ligne.

La qualité du trait, c'est une grande pureté. Le trait ne doit donc pas être de grosseur inégale ; il doit être de même nuance partout, et du noir de la plus grande intensité.

Pour parvenir à faire avec assurance un trait bien pur au moyen du tire-ligne, on s'exerce de la manière suivante :

Vous tenez ouvertes les lames de l'instrument de manière à marquer un trait de la plus grande largeur possible (*fig.* 1). Vous faites cet exercice jusqu'à ce que votre main se soit exercée à conduire les lames dans un sens tout à fait parallèle à la règle ; ce qu'il vous est facile de vérifier. Peu à peu, vous diminuez l'ouverture des lames en passant par un exercice donnant un trait de la force de la *figure* 2 et de la *figure* 3 ; enfin, si vous avez été soigneux dans vos exercices, vous parvenez à tracer bien pur un trait de la finesse de la *figure* 4.

A mesure que le tire-ligne a servi, on le nettoie en le passant dans l'eau claire et en l'essuyant avec un linge blanc.

OBSERVATIONS.

Première observation. Si l'on veut parvenir à bien faire, on doit tenir compte de tout ce qui a précédé. Nous avons connu beaucoup d'instituteurs dont les dessins étaient peu gracieux et très laborieusement faits, parce qu'ils ne prenaient pas toutes les précautions que nous venons d'indiquer.

DEUXIÈME OBSERVATION. Deux systèmes existent touchant le trait du plan. Parmi les dessinateurs de plans, les uns, attachés aux anciens principes du dessin de la topographie, veulent, avec certaines raisons, que le plan soit supposé recevoir de gauche à droite la lumière du soleil élevé sur l'horizon de manière à frapper tous les détails par un angle de 45 degrés. D'après ce principe, le plan des édifices, des haies, et en général de tout ce qui a, par sa nature, une forme élevée et saillante, est supposé avoir un mètre de hauteur au-dessus du sol, et porter, par conséquent (*fig.* 5), des côtés AD, CD, opposés à la lumière, une ombre d'un mètre de largeur.

Pour faire sentir que AB, BC, sont les côtés éclairés, on leur donne un trait délié, et on accuse vigoureusement AD, CD, côtés dans l'ombre. Ce trait de vigueur, empruntant à l'intérieur de la surface son excès de dimension, ne nuit en rien à l'exactitude géométrique.

Toute ligne (*fig.* 6), comme AB, est déliée, parce qu'elle est du côté de la lumière ; DC dans l'ombre est vigoureuse, et les lignes AB, BC, sur lesquelles la lumière est censée friser, sont de moyenne grosseur. Dans une figure de ce genre, l'ombre est portée comme la figure le montre.

Les objets creusés sur le sol (*fig.* 9), tels que les fossés, les pièces d'eau, etc., prennent le trait de vigueur et portent ombre dans le sens opposé : AB, AC, sont dans l'ombre, CD, BD, sont dans le clair. Quand la figure creuse est circulaire, comme la *figure* 7, que nous supposerons être un bassin, le trait de vigueur et l'ombre portée dans la demi-circonférence BAC diminuent d'A en B et d'A en C, tandis que l'autre demi-circonférence reçoit la lumière. On sentira d'autant plus ce modelé en creux, que la *figure* 8, qui est supposée représenter un fût de colonne, aura le trait de vigueur et l'ombre portée dans le sens opposé.

Ces détails exposés, il nous reste à faire remarquer que, dans l'ancienne méthode du dessin du plan, on admettait pour règle générale de rendre le trait fin, moyen ou vigoureux, selon sa position relative à la chute de la lumière. On fondait ces principes sur ce motif, qu'un plan, par ce fait, acquiert plus d'agrément, qu'on imite ainsi la nature lorsqu'elle fait jouer ses ombres dans les beaux jours du printemps et de l'été, qu'enfin ce relief n'altère en rien l'exactitude, et peut être admis sans nuire à la vérité géométrique ; c'est pourquoi on ajoutait au trait de force un petit filet d'ombre portée à l'encre de Chine d'une teinte médiocrement noire. D'après ce système, on représentait les bois en leur donnant une certaine élévation.

Ceux qui suivent la nouvelle méthode veulent que les traits d'un plan soient indistinctement de même force ; ils rejettent tout effet d'ombre au moyen de la vigueur du tracé. Cependant ils admettent les ombres dans certains cas, ce qui prouve qu'ils ne sont pas rigoureusement méthodiques. Ils interdisent tout travail de dessin dans les bois, les vignes, les marais, et autres possessions, et prétendent qu'un plan étant un dessin géométral, ne peut représenter même les plus légers agréments du paysage. Quoi qu'il en soit, ces derniers ne sont pas toujours rigides observateurs de leurs principes, car lorsqu'ils veulent appeler l'attention sur une partie de leur travail, ils admettent dans la pratique ce qu'ils attaquent dans la théorie. Pour nous, nous consacrons ici ce que l'un et l'autre système nous semble comporter de bon. Nous produisons les éléments qui nous paraissent raisonnables. D'ailleurs, notre opuscule s'adressant spécialement aux instituteurs et à leurs élèves qui ont des habitudes dans les campagnes, nous croyons qu'il leur sera agréable de traiter leur plan de manière à présenter l'aspect de la possession qui a été dessinée.

Nous parlons, en premier lieu, de tout travail qui doit précéder l'emploi des couleurs.

LEÇON TROISIÈME.

Dessin des arbres.

D'après l'ancien système du dessin des plans, on était convenu de donner aux arbres une élévation proportionnée à l'échelle du plan. Aujourd'hui, généralement on dessine, comme à la *figure* 10, les arbres des quinconces, des routes et des avenues. On suppose que l'arbre a été coupé horizontalement au niveau du sol, et l'on en trace le diamètre au moyen du compas *à balustre* (1), et à la plume métallique, à défaut de cet instrument.

Dessin des arbres à tiges.

Rien, sur le plan, ne produit autant d'effet que des arbres bien traités. Ce travail, il est vrai, exige un peu d'exercice ; mais, avec du soin, l'on parvient au succès (2).

Faites légèrement, jusqu'à ce qu'il vous soit familier, l'exercice *fig.* 11, puis passez à l'exercice *fig.* 12. Vous ne sauriez trop répéter ce travail. Il faut avoir soin de bien arrondir sans jamais boucler, comme on le voit en E. On devra aussi faire avec vigueur le côté de l'ombre.

Si l'on combine les feuillers A et B (*fig.* 12), et qu'on les attache à un centre *a* (*fig.* 13), afin qu'il y ait de l'unité, on obtient une *cépée* de taillis d'un aspect régulier. La *figure* 14 nous montre que par le même procédé on produit un arbre à tige qui, en *b*, a un centre comme

---

(1) On appelle ainsi un compas qui ressemble beaucoup dans sa construction au tire-ligne, et qui fournit le moyen de décrire un cercle du plus petit diamètre.

(2) Le dessin lithographique des modèles de nos planches laisse à désirer quelques perfectionnements, qu'il est difficile d'apporter dans un ouvrage d'un prix aussi modique.

la cépée précédente. Cependant cette régularité méthodique, peu gracieuse, serait contraire à la nature. On fait des feuillers grands et petits, entremêlés de manière que l'équilibre de l'arbre soit établi, et qu'il ne paraisse pas trop touffu d'un côté et dégarni de l'autre.

Le taillis et le gaulis se dessinent comme aux *fig.* 15 et 16, en prenant garde de ne jamais poser les buissons les uns au-dessus des autres directement, de même que des masses égales vis-à-vis les unes des autres. Évitez, dans le gaulis, de multiplier trop les sujets : loin de produire de l'effet, vous chargez le plan d'une manière fâcheuse.

La *figure* 17 donne différents modèles d'arbres employés sur les grandes routes, les grands chemins, etc. Les deux premiers, A et B, sont des ormes. L'arbre A conserve toutes ses branches, et indique qu'il a besoin d'être élagué. B représente un arbre qui a été taillé il y a peu de temps. Généralement, on ne prend pas la peine de reproduire tous les objets avec autant d'exactitude. Cependant il peut arriver qu'un propriétaire, voulant acheter un domaine, en fasse lever le plan. L'on est sûr de lui être agréable, si le plan peut rappeler jusqu'aux moindres détails.

Règle générale. Toutes les fois que l'on dessine des arbres, des buissons, ou tout autre objet élevé, cet objet doit être posé perpendiculairement à la base du plan, c'est-à-dire à la ligne d'encadrement qui doit exister par le haut ou par le bas de la feuille.

Remarque. Au lieu de dessiner le taillis et le gaulis, dans le nouveau système, on se contente d'une teinte gros vert. Nous en parlerons ci-après.

Dessin des arbres à vol d'oiseau.

Les hautes futaies, dont les branches sont garnies et épaisses, se tracent ordinairement comme si elles étaient vues à vol d'oiseau. On représente encore de cette manière les arbres d'un quinconce, d'une avenue, etc., quand on ne veut pas les tracer comme à la *fig.* 10, ni leur attribuer de l'élévation.

Fig. 18. Faites, pour vous assurer la main, les *arrondis* A, B, C, D, qui tous se rattachent à un point de centre; puis tracez-y, comme E le montre, un feuiller qui, suivant la forme arrondie, arrive sans peine au centre, dont nous avons déjà parlé. Evitez de multiplier le travail, comme on voit en F. Faire trop est l'écueil des commençants ; ils ne peuvent s'y soustraire sans une grande attention. Par le procédé que nous venons d'enseigner, on produira les feuillers divers, G, H, I, de quatre, de cinq ou six masses. K indique qu'après avoir dessiné la cime à quatre masses d'un arbre, on lui donne un second étage de feuillers.

PREMIÈRE REMARQUE. La main une fois formée à cette manière de tracer les feuillers, on peut leur donner différents caractères, selon son goût, et les grouper de diverses manières. Il est inutile de noter qu'il serait ridicule de les tracer d'une dimension aussi grande. Si nous les présentons ainsi, c'est afin qu'il soit plus facile de saisir le mouvement nécessaire pour dessiner purement et donner le caractère.

DEUXIÈME REMARQUE. Bien qu'aujourd'hui, dans la plupart des plans, on ne dessine plus ainsi les bois ni les futaies, c'est néanmoins de la sorte que les géographes représentent les forêts. Ils font leur dessin à la loupe, en supposant une échelle très réduite.

La *figure* 19 donne l'emploi de ces principes.

TROISIÈME REMARQUE. Quand on a dessiné les arbres ou les futaies, on marque le côté de l'ombre et l'ombre portée.

Le côté de l'ombre est le côté droit. Cette ombre se marque avec une légère teinte d'encre de Chine au moyen d'un coup de pinceau hardi et heurté.

On appelle *ombre portée* celle qu'un corps projette du côté opposé à la lumière. Comme dans les plans, on suppose que le jour s'offre sous l'angle de 45°, l'ombre portée doit être de la même dimension que le corps qui la porte.

QUATRIÈME REMARQUE. Sur un plan, on représente les arbres, les haies, les vignes, les croix, les moulins à vent, etc. (d'après l'ancien système), en élévation, et selon leurs proportions, si les mesures exprimées par l'échelle du dessin sont assez sensibles pour que l'on s'y assujettisse; s'il en est autrement, on n'y a point égard, et on fait chacun de ces objets en proportion entre eux, évitant de les outrer en plus ou en moins; il est aussi permis d'anticiper sur une étendue, quand il faut faire voir des choses qui, sans cette licence, seraient ou cachées ou perdues.

Dans le nouveau système, on dessine simplement le plan géométral de l'objet, et au moyen d'une lettre de renvoi, une légende indique la nature de ce plan.

LEÇON IV.

Dessins des haies, des vignes, des jardins, des constructions.

Les enclos fermés de haies ont une valeur différente de celle des propriétés découvertes; c'est pourquoi un plan doit représenter la propriété avec son genre de clôture. Les haies qui servent à clore une propriété sont les haies vives, les haies de planches et les haies d'échalas (*fig.* 20).

1° *Les haies vives.* Pour les dessiner, on fait en petit un feuillet enlacé, comme le représente le modèle A B. On a soin de rattacher chaque groupe à un centre; autrement le dessin est sans unité, d'un aspect semblable à un gribouillage que les artistes appellent *botte de foin.* On n'omet pas de donner un peu de force au trait du côté de l'ombre. On passe aussi une légère teinte d'ombre portée. (Encre de Chine étendue d'eau.)

2° *Les haies de planches* (*fig.* 20). Vous tirez avec le tire-ligne deux lignes, A D, parallèles et aussi rapprochées que possible; puis, ayant ouvert les lames de l'instrument de manière à former un trait de la dimension du blanc compris entre les deux traits, vous dessinez de petits espaces noirs qui représentent la largeur des planches.

De petits points blancs entre chaque trait sont censés reproduire la distance qui règne entre les planches disjointes de ces sortes de clôture.

3° *Les haies d'échalas* (*fig.* 20). Ces sortes de haies DC, se traitent de la même manière que les précédentes; mais le contraire a lieu. Ici, ce sont des espaces plus grands laissés blancs pour marquer l'intervalle entre chaque pieu. S'il existe en E une porte maintenue par deux poteaux, on les dessine comme on les voit figurés et d'après les proportions de l'échelle.

Dessin des vignes. (*Fig.* 21.)

Malgré les enseignements du nouveau système, l'on rencontre encore beaucoup de plans où les vignes sont figurées, d'après l'ancienne méthode.

Sur de petits traits, A, perpendiculaires à la base de la carte, on attache un petit signe contourné qui représente le cep. On a soin d'alterner ces traits de manière à ne pas les poser les uns au dessous des autres. On prend encore le soin d'éviter de les faire d'une manière disproportionnée au plan. Un petit trait horizontal partant du pied de l'échalas sert à indiquer l'ombre portée. On marque aussi par des points la position des échalas : c'est alors d'après le nouveau système. (*Voy.* A *a* pour l'anc. syst., B *b* pour le nouv.)

Dessin des jardins. (*Fig.* 20.)

Lorsqu'on a fait le tracé géométrique de la superficie d'un jardin, pour le distinguer des autres genres de propriétés champêtres, on le divise en différents carrés, par des allées ou par des sentiers; ces carrés sont ordinairement bordés de plates-bandes où se trouvent de petits arbres fruitiers que l'on marque par un petit contour dentelé.

Ces détails sont fournis par l'aspect général, ou bien on les produit tels qu'ils existent, si l'on a dû pratiquer un lever de détail du jardin.

Dessin des édifices, des constructions, etc.

Les édifices se dessinent selon les dimensions qu'ils ont d'après le lever. Nous donnons (*fig.* 22) le plan d'une église, A.

La *figure* D est celui d'un château qui a deux pavillons parallèles ; les lignes qui partagent ces bâtiments sont les divisions de toiture. Ces manières d'indiquer la couverture n'ont lieu que pour les édifices importants.

A droite de l'église (*fig.* B) est un cimetière, que l'on représente en traçant de petites croix éparses. S'il contient des monuments, on en dessine le plan. (Voyez la *fig.* 35, qui représente plusieurs masses de constructions.)

Il arrive quelquefois que sur les terrains levés on rencontre des ruines; on les indique en dessinant quelques pierres posées (E, *fig.* 22) l'une sur l'autre, à moins qu'elles ne soient assez considérables pour exiger plus de détails. Dans ce dernier cas, on reproduit le plan géométral de l'emplacement, et, comme nous le dirons, on les teinte de couleur noire.

LEÇON V.

Dessin des genetières, des landes, des ajoncs et des bruyères.

Dans plusieurs localités, l'on a coutume d'ensemencer certains champs avec la graine de genêt. Au bout de quelques années, cette plante s'élève et prend un caractère qui donne au champ un aspect particulier. On dessine (*fig.* 23) de petites masses semblables à celles que représente la figure. L'on tâche de donner à l'ensemble une forme qui rappelle les masses du branchage rabougri de ces sortes de productions. On traite de même les landes, les ajoncs et les bruyères. On a soin de donner aux ajoncs quelques coups de plume qui marquent leur genre épineux.

LEÇON VI.

Dessin des marais, des étangs, des mares, des rivières, des ponts, écluses, moulins à eau.

1° *Les marais* (*fig.* 24). Les marais, comme chacun sait, sont des terrains aquatiques, remplis de fosses, de roseaux, de joncs et de grosses herbes. Pour dessiner un marais, on ne fait pas usage ordinairement du trait à l'encre de Chine, du côté qui reçoit la lumière, tandis qu'on accuse assez fortement le côté opposé. On tâche de reproduire le mouvement irrégulier et en zigzag de ces places couvertes d'eau, qu'on y remarque; on y pose aussi de petites îles et de petites langues de terre irrégulières et de différentes figures, puis, avec une plume chargée d'encre de Chine, sur les bords des îles, des presqu'îles, et par hasard dans les flaques d'eau, on marque des joncs et des roseaux diversement agités ou courbés, ainsi que quelques feuilles larges des plantes aquatiques.

2° *Les étangs.* Les étangs ne sont autre chose qu'un grand marais. Pour les distinguer des mares et de toute autre pièce d'eau, on en étudie le contour irrégulier que l'on tâche de rendre au moyen du secours que prête l'art de lever les plans, puis on y jette, comme dans le marais, quelques touffes de roseau, particulièrement sur les bords. Il ne faut pas oublier d'accuser plus fortement le côté de l'ombre. (Voy., *fig.* 29, une rivière qui vient se jeter dans un étang.)

3° *Les mares* (*fig.* 30). Ces réservoirs d'eau pluviale se trouvant dans presque tous les villages, il est rare qu'on n'en ait pas à dessiner. On les traite comme les étangs, mais on omet d'y poser des roseaux. De petites hachures parallèles et d'une dimension proportionnée à la projection des talus, servent à indiquer les berges qui encaissent quelquefois ces sortes de réservoirs.

4° On dessine le lit des rivières (*fig.* 25) en accusant

le côté de l'ombre; et quand les lignes des bords sont sinueuses, il y a des portions de ces lignes qui doivent être vigoureuses, d'autres légères, selon qu'elles se dérobent ou se présentent à la lumière; en tout cas, le trait d'une rivière ou d'un autre bassin contenant des eaux est très léger, s'il termine des sables. Dans les rivières, des traits tracés parallélement au bord dans l'ombre, et dont on diminue la force à mesure qu'on approche du milieu, figurent l'ondulation des eaux.

On dessine aussi quelques légers traits sur le bord éclairé, de sorte que le milieu demeure libre.

On place par intervalles une flèche dont le dard est dirigé dans le sens du courant et sert à l'indiquer.

5° *Les ponts.* On les dessine en reproduisant leur dessin géométral; ce qui a lieu en traçant leurs parapets et leurs piles. (Voy. *fig.* 25, A, etc.)

6° *Les écluses.* On dessine le plan de la maçonnerie qui sert à contenir les eaux, puis on marque la position de la pelle par deux traits parallèles, très déliés et très rapprochés. (Voy. *a*, *a'*, *fig.* 25.)

7° *Les moulins à eau.* Les moulins à eau se présentant sous la forme de constructions ordinaires, on les dessine comme telles, en donnant la projection de la roue qui, se mouvant dans l'espace décrit par son diamètre, a pour plan horizontal un parallélogramme rectangle.

Mais si l'on avait un plan à fournir sur une petite échelle, ou si même, en donnant au dessin des proportions assez grandes, il n'était pas nécessaire de reproduire tous les détails d'un moulin à eau, l'on se contenterait de tracer un petit versoir, *a*, à la partie supérieure, et une petite roue formée de deux circonférences coupées par des rayons. (Voy. *fig.* 25, B, D.)

La figure D est le modèle d'un moulin, où la roue est mue en dessous par l'action du courant; comme ces roues sont à palettes, on les distingue des autres en les dessinant ainsi qu'il est marqué.

LEÇON VIII.

Dessin des rochers, des montagnes, des berges, ravins, fossés, carrières, chemins creux, moulins à vent.

1° *Les rochers* (*fig.* 26). Quand on a levé la superficie qui contient des rochers, on a dû remarquer la forme, le caractère, le nombre de ces roches, leur disposition; on les dessine par groupes, comme on le voit dans la *fig.* 30. On doit éviter de leur donner une grandeur et une forme égales.

REMARQUE. Il est certain que ce genre de dessin rapproche le plan du paysage. Cependant, si l'on dessinait le plan géométral d'un rocher, il serait nécessaire d'y figurer les lignes heurtées des cassures du périmètre. Or, le dessin que nous indiquons doit comporter ce système et s'en écarter en cela seulement, qu'il ne donne pas exactement le plan géométral dont nous parlons. Si l'on tient aux rigueurs du nouveau système, il faut faire disparaître le dessin topographique et nous priver d'une expression qui a tant de charmes lorsqu'elle est bien rendue.

2° *Les montagnes* (*fig.* 31). Nous entendons par montagnes toutes les pentes de terrain.

La projection des terrains inclinés se représente ainsi qu'il suit.

Soit A (*fig.* 31), le sommet d'une montagne; tracez, à partir de la ligne où la pente commence, de petits traits légers qui tous, semblables à des rayons d'un cercle, se rapportent au centre A. Ces traits, interrompus pour qu'ils soient plus faciles à conduire, doivent être *plus* ou *moins* longs, selon que le terrain a *moins* ou *plus* de pente (1). En effet, la projection horizontale d'un terrain

(1) Dans les plans du dépôt de la guerre, la projection du terrain incliné est dessinée par des coupures prises de quinze mètres en quinze mètres.

très incliné est d'une dimension moindre que celle d'un terrain où la pente est longue et peu rapide.

Les traits sont ici vigoureux au départ, pour indiquer le côté de l'ombre.

C D (*fig.* 31) représente une montagne entière dont C et D sont le sommet : on voit que les extrémités C D ont une forme arrondie. Pour dessiner les traits de projection, on considère comme centre le point C et le point D ; l'on rattache à D ceux qui sont tracés dans l'espace qui l'avoisine, et à C ceux qui en sont rapprochés.

Quand un éboulemement, ou toute autre cause, détermine au haut de la pente une suite de petites lignes droites, si l'ensemble de ces lignes peut être ramené à une courbe qui ait son centre en E, on n'en dessinera pas moins les petits traits en les y rattachant.

Dans un cas contraire, c'est-à-dire si la pente a lieu de telle manière que le terrain incliné n'ait pas plus de dimension à sa partie inférieure qu'à sa partie supérieure, la projection sera dessinée par des traits parallèles.

Lorsque les sinuosités de la colline ou montagne effectuent une courbe rentrante H (*fig.* 31), les petites hachures se rattachent à un point inférieur F, par exemple, où il existe un ravin.

3° *Les berges.* Les berges sont de petits talus qui se rencontrent sur le bord d'un chemin, limitant et soutenant les champs voisins.

D'après cette définition, il est facile de concevoir comment doivent se dessiner les berges, puisque ces sortes de talus ne sont autres que de très petites montagnes. C'est pourquoi on les marquera par de petites hachures dont la dimension sera proportionnée à la pente. L'espace nécessaire au tracé sera pris, comme toujours, sur la surface du terrain où sont situées ces berges, car il ne faut pas perdre de vue que le dessin d'un plan, quel que soit le système admis, ne doit en aucune manière nuire à l'exactitude géométrique. Cette exactitude est, sans aucune exception, une impérieuse et rigoureuse condition. (*Voy.* AB, *fig.* 26.)

4° *Les ravins.* Comme les berges; on a soin, de plus,

d'y faire figurer quelques traits et quelques pierres qui indiquent la nature de ce lit creusé (*fig.* 28, *pl.* 2).

5° *Les fossés.* Pour représenter les fossés, on se contente ordinairement de tracer deux lignes parallèles aussi distantes que la largeur l'exige. On donne un trait de force au côté opposé à la lumière, tandis que l'on fait déliée la ligne du côté qui est censé frappé par la lumière.

6° *Les carrières.* On figure les carrières en dessinant des bancs de pierres posées les uns au-dessus des autres, en prenant garde (*fig.* 32) de ne pas faire d'une égalité peu naturelle les assises. Des passages pratiqués en sinuosités, comme C, D, E, indiquent, soit le lit d'un torrent d'eau pluviale, soit un chemin creux.

7° *Moulins à vent* (*fig.* 28, *pl.* 2). Très souvent, dans un territoire dont on doit faire le lever, l'on trouve à quelque distance un ou plusieurs moulins à vent. S'il s'en trouve dans la possession dont on a dû lever tous les détails, on en trace le plan géométral; sinon, on les dessine comme le représentent les modèles A et B.

LEÇON IX.

Dessin des terres labourables, prairies, chemins dans les terres, bornes.

1° *Terres labourables* (*fig.* 28, *pl.* 3). On les dessine en leur donnant les limites que le lever du terrain leur assigne, et l'on prend soin de rendre plus déliées les lignes de séparation qui limitent tous les champs situés dans la même direction.

2° *Les prairies* (*fig.* 29, *pl.* 3). On les dessine comme les terres labourables, quand leurs limites ne sont pas marquées par des fossés ni par des haies. S'il y a des fossés et des haies, on les dessine comme nous avons dit.

3° *Chemins dans les terres* (*fig.* 28, *pl.* 3). L'usage est de les dessiner en leur donnant la direction que le lever du terrain indique. S'il arrive qu'ils affectent une ligne courbe ou sinueuse, on les passe au trait avec la plume métallique. On doit alors prendre le plus grand soin pour faire en sorte de conserver au trait toute sa pureté. Quelques personnes dont la main est sûre emploient le tire-ligne pour tracer ces contours en ligne courbe. Il faut alors faire attention et éviter de tenir l'instrument de côté ; cette position ferait tracer une ligne maigre et irrégulière.

4° *Les bornes*. On les représente en donnant à leur plan géométral, d'après l'échelle, la forme ronde ou carrée qu'on leur a remarquée. (Voy. *fig*. 28, **A, B, C, D.**)

LEÇON X.

EMPLOI DES COULEURS.

Des couleurs employées dans le lavis du plan.

Dans le lavis du plan, on emploie les couleurs suivantes.

Noms des couleurs.	Propriétés.
1° L'encre de Chine.	noir luisant.
2° Le carmin.	rose vif.
3° La gomme-gutte.	jaune foncé.
4° Le bleu de Prusse.	bleu cuivré.
5° Le vert de vessie.	vert noir et luisant.
6° Le seppia ou bistre.	brun.

Ces couleurs sont fournies en petit pain par le commerce, et sont, à l'exception du carmin et de l'encre de Chine, d'un prix assez modique. Nous joignons ici ces prix, à l'exception de celui de l'encre de Chine, qui varie selon la grosseur du bâton et selon sa qualité.

Le petit pain de carmin.	0 fr.	75 c.
———— gomme-gutte.	»	25
———— bleu de Prusse.	»	25
———— vert de vessie.	»	25
———— seppia.	1	»
———— bistre.	»	25

Moyen de reconnaître si les couleurs sont de bonne qualité.

Pour que les couleurs soient de bon emploi, il est nécessaire qu'elles soient bien broyées, et qu'elles soient gommées suffisamment. On reconnaît qu'un pain de couleur a la première de ces qualités en l'essayant comme on va le dire.

Vous mouillez l'ongle du pouce avec un peu d'eau, puis vous y frottez légèrement le pain. Si la couleur a été broyée avec tout le soin qu'exige une préparation destinée au lavis, elle se délaiera d'une manière douce, sans heurter l'ongle; si, au contraire, elle fait sentir de petits chocs ou saccades, c'est qu'elle contient des molécules plus grosses les unes que les autres, et aurait besoin de repasser sous la molette.

Inconvénient à employer des couleurs mal broyées et peu gommées ; précautions à prendre en les délayant.

Une teinte est d'autant plus belle, qu'elle paraît plus transparente : or, une couleur mal broyée produit des inégalités de grain, et affecte la partie lavée de portions grumeleuses d'un aspect désagréable. On éprouve le même inconvénient avec une couleur peu gommée, parce qu'elle se délaie trop vite, et ne répand point le luisant léger d'un pain bien gommé. On atténue cet effet en mettant dissoudre un morceau de gomme arabique dans l'eau qu'on emploie.

Pour délayer les couleurs, on a communément de petits godets de faïence ou des soucoupes bien vernissées. On verse un peu d'eau dans un de ces vases, et l'on frotte le pain sans appuyer. Cette précaution fait que la couleur, s'étendant sur le godet, teint l'eau et forme un ton suave, pur et plus ou moins vigoureux, selon qu'on a frotté le pain plus ou moins longtemps.

1° L'encre de Chine. (*Voyez* ce qui a été dit p. 12).

2° *Le carmin.* Cette couleur est ordinairement fine et se délaie sans effort.

3° *La gomme-gutte* est dure et bien gommée. Cette couleur est un purgatif assez puissant : aussi doit-on éviter de porter à la bouche le pinceau qui en est chargé.

4° *Le bleu de Prusse* est tendre; il faut donc le frotter avec attention, car si l'on appuie trop, il se brise, ou il s'en détache des particules qu'on a de la peine à réduire. Quand on s'est servi du pain, il est bon de l'essuyer; autrement, en séchant, il se fendille.

5° *Le vert de vessie*, quand il est bon, se délaie difficilement, et a toute l'apparence d'une couleur à l'huile.

6° *La seppia* est une couleur fine qui n'exige aucune précaution quand on la délaie. Le pain en est dur.

7° *Le bistre* est peu transparent, on doit lui préférer la seppia.

LEÇON XI.

Des pinceaux et mélanges de couleurs.

Les pinceaux doivent être de poil de martre-zibeline, montés dans des plumes de cygne; on les appareille ordinairement un très fort avec un de grossenr moyenne, et on les considère comme bons lorsque, étant mouillés, ils font une pointe élastique qui se redresse à chaque coup, comme le ferait un léger ressort d'acier ou une plume taillée à l'anglaise. Un pinceau qui n'a pas cette qualité est mousse, rend difficile l'emploi de la couleur, et impossibles certains travaux qui exigent de la pureté et de la légèreté.

Pour des raisons qui vont être données, on ne peut laver sans avoir deux pinceaux ; on les adapte ensemble à un petit manche appelé *hampe*, de manière que l'un soit à une extrémité et l'autre à l'autre.

Un bon pinceau étant de première nécessité, on doit prendre toutes les précautions nécessaires pour le conserver. A cet effet, toutes les fois qu'on a cessé de s'en servir, on le passe à l'eau claire, à plusieurs reprises, de manière à le purger totalement de la couleur qu'il comporte; et si l'on devait être un temps assez long sans en faire usage, on l'*imprégnerait*, à sec, de camphre broyé, ou de poivre à défaut de camphre. Si l'on ne prend cette précaution, les insectes le rongent.

On doit éviter de se servir de pinceaux trop petits: c'est une erreur de penser qu'un pinceau très fin termine bien un travail; au contraire, il fait dur et donne à la teinte quelque chose de terne et de désagréable.

Mélanges des couleurs.

Les couleurs employées dans le lavis du plan sont les suivantes :

Noire,
Rouge,
Jaune,
Bleu,
Brun (seppia),
Blanc.

Cette dernière n'est ici mentionnée que pour la forme, attendu que dans le lavis le blanc n'est autre chose que le papier conservé.

Noir et rouge font:

Couleur *cramoisie*, *lie de vin*, *rouge-noir*, et en général tous les tons violet-foncé qui peuvent résulter d'une base noire et d'une composante rouge. C'est pourquoi, si le noir domine, la teinte est différente de celle qui serait produite avec le rouge dominant et le noir.

Noir et jaune font :

Verdâtre, olive, brun, couleur de l'écorce des jeunes arbres. Cette teinte est peu agréable.

Noir et bleu font :

Gris de fer, gris ardoise, bleu de pierre de lave, etc.

Rouge et jaune.

Si le rouge domine, ils font :
Rose,
Orange.
Si le jaune domine, ils font :
Roux,
Sable,
Jonquille, etc.

Jaune et bleu.

Si le jaune domine, ils font :
Vert tendre,
Vert pomme.
Si le bleu domine, ils font :
Vert foncé,
Vert pré.
En général, la combinaison de ces deux couleurs compose le vert de tous les tons.

Rouge et bleu.

Si le rouge domine, ils font :
Violet foncé.
Si le bleu domine, ils font :
Violâtre, violet pâle, etc.

Le noir, le rouge et le jaune.

Combinés, ils fournissent un ton brun, couleur de terre, que l'on peut modifier à proportion que l'on augmente ou que l'on diminue l'emploi des composantes.

Seppia.

Cette couleur brune, combinée avec une pointe de rouge, donne une teinte fine couleur de terre, qui est très convenable.

LEÇON XII.

Des teintes.

Lorsque tous les objets ont été passés au trait à l'encre de Chine, comme il vient d'être dit, et que le plan a été totalement dégagé par la gomme élastique des lignes tracées au crayon, on s'occupe de ses teintes. Il faut alors prendre soin de les préparer en grande quantité. En effet, s'il arrivait qu'une teinte propre à une espèce de culture vînt à manquer, on serait obligé d'en recomposer une autre; mais il est rare que l'on arrive à faire précisément le même ton. Par conséquent, si l'on emploie une nuance différente, le plan manque d'unité et d'harmonie.

Une teinte qui a séché dans un godet doit être renouvelée, car il est difficile que les molécules se broient et se mélangent bien de nouveau. La teinte séchée et que l'on délaie une seconde fois n'a plus sa transparence.

On doit excepter pourtant les teintes de carmin pur. Cette couleur est fine de sa nature; et comme elle est d'ailleurs d'un prix assez élevé, on peut la faire servir à plusieurs reprises, pourvu toutefois qu'elle soit exempte de poussière, et qu'on n'en ait pas besoin pour passer au trait.

La première teinte que l'on donne à une culture, et sur laquelle on fait d'autres travaux, s'appelle *teinte de fond.*

La teinte de fond est unie ou composée.

La teinte unie est celle que l'on porte sur une culture sans la combiner avec aucune teinte de nuance diverse.

La teinte composée se forme de deux ou plus de deux tons de couleur différente que l'on fond ensemble pour imiter l'aspect général des possessions champêtres. En effet, le fond d'un sol planté de bruyères a un aspect autre que celui d'un terrain en guéret ou d'une récolte à maturité.

Fondre une teinte, c'est l'affaiblir progressivement avec le pinceau en détruisant, au moyen de l'eau, peu à peu son intensité.

Fondre deux teintes ensemble, c'est les marier de manière qu'on ne puisse indiquer la ligne de séparation entre les deux.

On fond deux teintes en portant près de la première, qui est encore humide sur le papier, celle qu'on veut y joindre, et le travail opère tout naturellement cette fusion. On emploie successivement les deux pinceaux, dont l'un est chargé d'une couleur et l'autre de l'autre.

Les commençants ont l'habitude de laver en portant plusieurs fois sur le papier la même teinte, et de l'étendre par couches successives. Cette méthode, adoptée même par certains maîtres, exige et absorbe un temps considérable. L'expérience apprend qu'on peut faire bien d'une seule couche, si l'on ne tient pas sa teinte trop épaisse, si les couleurs ont été délicatement délayées, et si l'on a acquis l'habitude de manier le pinceau.

Ce dernier procédé, non seulement épargne le temps, mais encore offre l'avantage de conserver la teinte parfaitement transparente.

Chaque fois que l'un des pinceaux cesse de servir à une teinte, on le passe à l'eau ; c'est pourquoi l'on a toujours deux verres, dont l'un sert à laver les pinceaux et l'autre à fournir l'eau pure.

En général, quel que soit l'objet qu'on lave, le pinceau doit, selon le cas, être garni convenablement de teinte ou d'eau. S'il en est autrement, le travail manque de suavité ; on fait maigre, parce que son pinceau n'a plus son élasticité. On doit aussi prendre soin de ne pas revenir avec le pinceau sur la place qui a été lavée, parce que l'on s'expose à faire des taches.

LEÇON XIII.

LAVIS DES BOIS.

Lavis des hautes futaies. (Ancien système.)

Première manière. Pour le lavis des hautes futaies (*fig.* 16), on donne d'abord une teinte de fond formée de deux tons, l'un vert-gai, qu'on évite de tenir trop jaune ou trop bleu, et l'autre *roux, rose, jaune* ou *orange,* qu'on varie selon la nature du terrain. Le terrain, en effet, varie dans sa couleur : ici le sol est couleur jaunâtre, là, d'un rose tendre, ailleurs, d'un jaune pâle.

Cette seconde teinte a pour double but, ou de reproduire la couleur du sol qu'un manque de végétation laisse apercevoir, ou de rendre les nuances accidentelles résultant des mousses, des bruyères, des fougères desséchées.

Le premier de ces tons, le vert, est composé de gomme-gutte et de bleu de Prusse ; le second, de gomme-gutte et de carmin. On obtient des variantes à l'infini par les combinaisons, en proportions diverses, de ces couleurs. Outre les deux tons qui viennent d'être indiqués, on emploie, quand la teinte de fond est sèche, un ton plus intense de rouge pourpré (carmin et un peu de gomme-gutte) pour marquer le côté de la lumière (côté droit) du feuiller des arbres, et l'on *poche* le côté de l'ombre avec une couleur verte forte et très luisante que le commerce fournit sous le nom de *vert de vessie.* Par ce travail, les arbres ayant reçu une vigueur qui leur donne de l'aspect, se détachent agréablement de la teinte de fond.

On pointille très légèrement avec le même *vert de vessie* quelques petites places de la teinte de fond. Ce travail doit être fait avec goût ; c'est pourquoi l'on évite une symétrie contraire à l'aspect de la nature.

Autre manière. (Ancien système.)

Au lieu de former une teinte de fond de plusieurs tons, on passe une teinte de la couleur du terrain, mais le plus communément jaune gomme-gutte ; puis, comme nous l'avons dit, on poche les arbres avec du vert de vessie. Mais avant de faire ce dernier travail, on porte sur les feuillers, du côté de l'ombre, une légère teinte d'encre de Chine.

REMARQUE. Si les arbres d'un quinconce avaient été dessinés d'après le nouveau système, comme la *figure* 10 le montre, on pourrait porter sur le contour de chaque arbre une légère teinte couleur bois, composée de gomme-gutte et d'une pointe de carmin.

Lavis des hautes futaies et de tous les bois en général, d'après le nouveau système.

Si l'on observe les plans lavés par divers opérateurs expérimentés dans ce genre, on remarque que les bois reçoivent communément une teinte vert foncé. C'est ce qui se pratique dans le bureau des plans de la ville de Paris. Cependant, à l'Ecole polytechnique (1), l'on donne aux bois une teinte jaune léger dans laquelle on a mélangé une très petite quantité de bleu de Prusse.

Fig. 19. *Lavis des taillis.* (Ancien système.)

On donne d'abord, comme pour les futaies, une teinte de fond légère, formée de plusieurs nuances, verte, jaune, rose, rousse et même bleue. La teinte verte, qu'on a soin de ne tenir ni trop bleue ni trop jaune, doit

(1) Nous avons consulté à cet égard M. ALPHONSE CHEVILLARD, professeur de mathématiques, ancien élève de cette école. Ce jeune professeur, qui joint à un grand savoir une grande modestie et beaucoup d'obligeance, nous a, dans plusieurs autres circonstances, fourni d'utiles renseignements ; nous le prions d'agréer nos remercîments.

dominer; les autres y sont fondues et jetées avec soin et avec réserve dans le double but de jeter de l'agrément dans le lavis et d'imiter l'aspect général de la nature qui, au printemps, dans les bois surtout, se plaît à orner la terre de mille fleurs diverses qui croissent par familles là où le bois fait défaut. Ces sortes de teintes sont en général assez difficiles à traiter, c'est pourquoi, si l'on s'occupe de laver un plan dans l'été, saison où l'humidité est promptement absorbée, l'on doit avoir la précaution de passer un peu d'eau bien pure sur la partie du plan qui va recevoir la teinte.

Pour ne pas *babocher* (dépasser les contours), on passe, à main posée, le pinceau sur la ligne du périmètre; on a alors toute l'assurance désirable, ce qui n'a pas toujours lieu quand on veut effleurer une ligne avec la pointe du pinceau, à moins que l'on n'ait acquis une grande habitude. S'il arrive que l'on dépasse le contour, on y remédie en enlevant immédiatement avec le pouce la teinte, et en la repoussant vers le milieu de la figure. On revient alors avec le pinceau pour réparer la faute commise.

Quand la teinte de fond a été donnée et qu'elle est sèche, on poche les feuillers des taillis avec du vert de vessie, de la même manière que les futaies. On a soin de marquer plus fortement le côté de l'ombre.

LEÇON XIV.

Lavis des jardins, des vignes, des vergers et des haies.

Les jardins. La teinte de fond des jardins peut se faire de différents tons, selon la couleur du sol qui s'y trouve; mais le plus communément on lave les allées couleur jaune sable très légère, composée de gomme-gutte et d'une très faible pointe de carmin; les carrés et les plates-bandes, d'un rose tendre, formé de carmin et d'une très petite pointe de jaune. S'il y a des gazons, on les traite de la couleur des prés. (Voyez ci-après.)

On porte une pointe de vert de vessie sur les petits arbres que l'on a dessinés aux angles des carrés et des plates-bandes.

Les vignes (*fig.* 33). On leur donne pour teinte de fond un ton violet léger formé de carmin, de bleu de Prusse et d'un peu d'encre de Chine. On pourrait encore composer la teinte d'une légère dissolution de carmin et d'une pointe de bleu de Prusse.

Si les vignes ont été dessinées d'après l'ancien système, on passe sur les S, qui figurent les ceps, une teinte de vert de vessie.

Les vergers (*fig.* 33). On donne ordinairement aux vergers la même teinte qu'aux bois; cependant on a soin de n'employer que deux teintes, l'une verte et l'autre rose, ou rousse, ou jaune, selon la nuance du sol. On poche les petits arbres avec du vert de vessie.

Si le verger était dessiné d'après la nouvelle méthode, c'est-à-dire que les arbres fussent représentés par des points comme dans les avenues de la *figure* 36, on donnerait à la surface une teinte légère conforme à la couleur du sol, et l'on pointillerait chaque arbre avec un léger accent de vert de vessie, ce qui le détacherait et jetterait de l'agrément sur la carte.

Les haies (*fig.* 20). Nous parlerons ici des haies vives, car les haies de planches ou de charniers ne reçoivent aucune teinte. On a coutume de pocher légèrement les haies vives d'un ton de vert de vessie.

LEÇON XV.

Lavis des constructions, édifices, murs de clôture, ruines, ponts.

Constructions (*fig.* 35). Règle générale, tout ce qui est constructions en pierres se lave avec une teinte légère de carmin.

Édifices. Cependant on admet une exception à l'égard des édifices particuliers, tels que les châteaux, les églises, qui, sur un plan, sont assez souvent lavés (*fig.* 22, A, D) d'une couleur ardoise, formée de bleu de Prusse et d'un peu d'encre de Chine. Pour représenter la couleur du toit couvert en ardoises, on a soin alors de figurer par le dessin la projection des lignes qui forment la division de la toiture. Quelquefois, sur un plan général, les édifices dont nous parlons sont traités en noir foncé (encre de Chine), qu'on étend avec beaucoup de soin; on revient alors à plusieurs reprises. Dans ce genre de travail, il faut prendre grand soin de ne pas dépasser les contours.

Murs de clôture. En rouge carmin, teinte légère.

Ruines. Si l'on veut indiquer une ruine sur un plan, on peut dessiner, comme on le voit en E (*fig.* 22), plusieurs pierres assemblées et leur donner une teinte, ici de bleu de Prusse, là de carmin et de jaune; autrement, on dessine le plan de la construction en ruine, et l'on teinte les murs d'un ton pâle d'encre de Chine; là où les brèches sont très considérables, on interrompt le lavis.

Ponts. Si le pont est en pierres, lavez-le couleur carmin.

S'il est en bois, teinte de bois, formée d'un peu de carmin, de gomme-gutte et d'une pointe d'encre de Chine.

LEÇON XVI.

Lavis des gènetières, des landes, des ajoncs et des bruyères.

Les gènetières (*fig.* 23). Chacun sait que les gènetières, à l'époque de la floraison, présentent un aspect d'un jaune plus ou moins foncé; c'est pourquoi l'on peut nuancer la teinte de ces sortes de culture de diverses nuances jaunes, plus ou moins légères. Ce système a lieu selon la nouvelle méthode.

Si l'on a figuré par le dessin, d'après l'ancienne méthode, le dessin des touffes de genêts, on les repique de quelques coups du pinceau chargé de vert de vessie.

Les landes (*fig.* 23). Les landes fournissant un ensemble de genêts, de hautes bruyères et d'ajoncs, on a coutume de les laver avec plusieurs teintes susceptibles de représenter la variété et la richesse des diverses couleurs qu'on remarque dans ces sortes de possessions. On emploie donc plusieurs teintes qu'on a soin de bien fondre.

Le vert, pour rendre le ton des herbes.

Le jaune, pour rendre les places garnies d'ajoncs.

Le rose (carmin et gomme-gutte), pour rendre les effets des bruyères.

On repique les dessins (ancienne méthode) des broussailles avec du vert de vessie.

Les ajoncs (*fig.* 23). Les ajoncs forment ordinairement des touffes d'un gros vert surmontées de fleurs jaunes; c'est pourquoi on donne aux possessions qui comportent ces arbrisseaux deux teintes, l'une vert-foncé, l'autre jaune un peu roux (gomme-gutte et une pointe de carmin). Les teintes doivent être légères.

Les bruyères. Deux teintes, l'une vert léger et l'autre rose, bien fondues. Ces teintes sont tenues ordinairement très étendues d'eau.

LEÇON XVII.

Lavis des marais, des étangs, des mares, des rivières, des écluses.

Les marais (*fig.* 24). Ces sortes de terrains reçoivent, dans la partie qui est privée d'eau, une teinte d'un vert léger où domine le bleu de Prusse et quelques coups habilement ménagés d'une teinte jaune, qu'on a soin de bien fondre avec la teinte bleue; puis avec un ton fort léger de bleu de Prusse, on lave les flaques d'eau. Si l'eau du marécage est très bourbeuse, on jette un peu d'encre de Chine dans le bleu de Prusse.

Si le terrain marécageux a l'aspect d'un sol maigre où la végétation est pauvre, comme, par exemple, les prés du Beuvron en Sologne, on donne au terrain (*fig.* 34) une teinte jaune marquée par endroits d'un peu de vert; puis, comme précédemment, on lave en bleu de Prusse léger les flaquês d'eau.

Nota. On revient une seconde fois sur le côté de l'ombre avec la teinte que l'on fond.

Les étangs (*fig.* 30). Avec une teinte fort légère de bleu de Prusse, on lave tout le lit de l'étang. Quand cette teinte est sèche, on donne une seconde teinte plus forte, que l'on porte d'abord sur le côté de l'ombre, et que l'on fond par des coups de pinceaux portés dans un sens parallèle à la base du plan.

Si le terrain qui entoure le lit de l'étang est gazonné, on lui donne une teinte vert-pré; autrement on le lave couleur sable d'un ton formé de gomme-gutte et d'une pointe de carmin.

Les mares (*fig.* 30). Comme les eaux qui forment ces réservoirs sont ordinairement bourbeuses, pour les représenter, on ajoute à la teinte de bleu de Prusse une pointe d'encre de Chine. On traite d'ailleurs les mares comme les étangs.

Les rivières (*fig.* 25 et 29). On donne d'abord une teinte légère de bleu de Prusse qu'on étend sur toute la longueur du lit, puis, avec un ton plus fort du même bleu, on revient du côté de l'ombre en fondant cette seconde teinte avec un pinceau muni d'un peu d'eau claire.

Les écluses. Les écluses sont des pelles de bois posées dans une ouverture qui est pratiquée dans une chaussée de maçonnerie, pour procurer à volonté l'écoulement des eaux d'une rivière ou d'un étang.

La maçonnerie se teinte de carmin comme toutes les constructions, et l'écluse étant en bois, on en teinte le dessin d'une légère couche de couleur bois (gomme-gutte, carmin et encre de Chine), ou plus simplement de bistre ou de seppia.

LEÇON XVIII.

Lavis des rochers, des montagnes, des berges, ravins, fossés, carrières, chemins creux, mauvais terrains, moulins à vent.

Les rochers (*fig.* 26). Avec deux teintes fort claires, l'une bleuâtre (bleu de Prusse et un peu d'encre de Chine), l'autre rose (carmin et un peu de gomme-gutte), vous lavez le côté de la lumière (côté gauche) en fondant les teintes, puis avec un ton violacé, formé de bleu, de rouge et d'un peu de noir, vous lavez le côté de l'ombre. Vous faites en sorte que la teinte se fonde en diminuant d'intensité, à partir du sommet de l'angle où la partie éclairée se sépare du côté dans l'ombre.

Tel est l'aspect que l'on donne aux rochers bleuâtres et rouges. Si l'on en rencontre dont les tons soient différents, on leur donne une teinte appropriée à la couleur que la nature présente.

Comme les terrains où gisent les rochers sont assez souvent pierreux et stériles, on lave en jaune légèrement fondu avec un peu de vert la superficie qui contient ces rochers.

Les montagnes (*fig.* 31 et 33). Les montagnes étant dessinées à la plume ordinairement, on ne leur donne aucune autre teinte que celle qui convient au genre de culture pratiqué sur le sol incliné.

Cependant quelques personnes ont pour habitude de poser sur les hachures une teinte couleur seppia qu'elles fondent du haut de la pente vers le bas. A défaut de seppia, l'on prend un ton de bistre; et si l'on n'a pas cette dernière couleur, on compose un ton analogue avec carmin, gomme-gutte et encre de Chine, dans des proportions convenables à la nuance que l'on veut obtenir.

Les berges et les ravins (*fig.* 28, *pl.* 2). Les berges sont ordinairement des élévations du sol, soit à pic, soit en talus, que l'on rencontre le long des chemins creusés.

Si la berge est en talus, on la traite, comme les montagnes, par des hachures qui indiquent la pente; si, au contraire, elle résulte de blocs de pierre, on lui donne une teinte semblable à celle des carrières et des ravins.

Les ravins (*fig.* 28, *pl.* 2). On donne aux assises de pierres qui composent les ravins une teinte semblable à celle des rochers. On la varie selon le ton présenté par la couleur locale; puis les lits des torrents ou chemins creux sont lavés ordinairement couleur sable, et l'on porte quelques coups de teinte verte pour imiter la nature qui, dans ces terrains, produit des buissons épars.

Les fossés étant ordinairement figurés par deux traits assez rapprochés quand l'échelle du plan est fort réduite, il est rare qu'on leur donne une teinte particulière; cependant, quand un plan est dressé d'après une grande échelle, quelques géomètres ont coutume de teinter de bistre le côté de l'ombre du fossé pour marquer l'effet produit par la lumière sur une surface concave.

Les carrières (*fig.* 32). Avec un ton léger, formé de seppia et de carmin, on teinte toutes les épaisseurs de chaque lit, et l'on donne ainsi la nuance locale; ensuite, avec une teinte plus forte, on marque le côté de l'ombre; enfin, une troisième, encore plus vigoureuse, sert à marquer les ombres portées, les trous et cassures. On doit être très avare de l'emploi de cette dernière teinte: si on la prodiguait, loin de produire de l'effet, le dessin deviendrait lourd et désagréable.

On a coutume aussi de donner au dessus des masses de pierres des nuances bleuâtres, ardoisées ou rousses, selon que la nature du terrain l'exige.

L'intérieur de la carrière reçoit une teinte de sable très légère. (Gomme-gutte et une pointe de carmin.)

Les chemins creux (voy. *fig.* 28 et 32) se lavent ordinairement d'une teinte conforme à la couleur du sol où ils sont pratiqués; cependant, comme ces sortes de voies sont le plus souvent couvertes de sables que les eaux pluviales conduisent, on donne aux chemins creusés une teinte jaune sable.

Mauvais terrains (*fig.* 33, là où est le chiffre de la

figure). Il est des terrains dont l'humus est si faible, qu'à peine y voit-on la végétation des moindres herbes. C'est dans ces sortes de terrains que le lavis peut servir utilement, car on comprend qu'une teinte vert-pré serait un non sens.

Ces terrains se lavent d'un vert-jaune très faible. Dans le modèle, on doit remarquer deux places dont le contour est en hachures : ce sont des trous pratiqués sur le sol; les hachures indiquent les coupures du terrain, et une teinte plus forte, couleur de terre, est donnée à la surface du fond du trou.

Les moulins à vents. Si les moulins à vent ont été dessinés d'après la nouvelle méthode, on donne à leur plan, quand ils sont en pierre, une teinte de carmin comme aux édifices, et si les moulins sont en bois, l'on donne une teinte de bistre au plan qui les représente.

D'après l'ancienne méthode, on convient de dessiner les moulins comme la *fig.* 28, *planche* 2, le fait voir. On leur donne pour teinte un léger ton rose pour celui de pierre, et de seppia pour celui de bois.

On doit remarquer qu'un moulin à vent placé dans un terroir, sert à le faire reconnaître; c'est pourquoi il est peut-être préférable de le dessiner en élévation sur un plan. On est sûr qu'ainsi il sera reconnu des agriculteurs.

LEÇON XIX.

Lavis des terres labourables, des prairies, des chemins dans les terres, des bornes.

Les terres labourables (*fig.* 28, *planche* 3). Elles reçoivent différentes teintes, selon leur nature de culture. Les terres en guérets ou jachères, A, sont lavées d'un ton de seppia mélangé d'un peu de jaune. Les champs de blé vert, B, prennent un ton analogue, et les moissons à maturité sont lavées couleur jaune, chargée d'un peu de carmin ou de laque carminée.

Les prairies artificielles, C et D, prennent un lavis formé de deux teintes, l'une rose-tendre, l'autre vert léger, que l'on fond avec soin. Par cette union des deux teintes, l'on imite l'aspect général de ces possessions qui frappent l'œil au moment de la floraison par une couleur rouge et verte.

Les prairies (*fig.* 25 et 29). Quand les prairies sont de belle venue, c'est-à-dire quand les herbes y croissent très épaisses, l'on a coutume de laver le plan de ces possessions d'un vert foncé tirant sur le bleu. Cette teinte, qui se compose de bleu de Prusse en plus grande quantité que la gomme-gutte, a besoin d'être tenue claire. Elle est difficile à employer; pour peu que l'on hésite à l'étendre, on fait des taches: c'est pourquoi plusieurs personnes ont l'habitude de tenir le ton très étendu d'eau et de revenir à plusieurs fois.

Remarque. Bien que la teinte des prairies doive faire dominer le bleu, cependant il faut prendre garde de l'y trop prodiguer; car si le ton était trop prononcé en bleu et qu'il y eût des eaux à laver, comme dans la *fig.* 25, ces eaux ne se détacheraient pas, et le plan serait désagréable à voir.

Quelquefois, lorsque le sol est un terrain de mauvaise nature, la prairie est peu verdoyante, les broussailles y sont jetées çà et là (*fig.* 29). Alors, au lieu de donner le ton précédent, on lave avec deux teintes, l'une jaune pâle, et l'autre vert affaibli, que l'on fond ensemble.

Les chemins dans les terres (*fig.* 28, *pl.* 3). Communément on s'abstient de leur donner une teinte, et l'on conserve le blanc du papier. (*Voyez* aussi la *fig.* 33.)

Cependant, lorsque ces sortes de communications sont d'une largeur un peu plus qu'ordinaire, on peut leur donner une teinte conforme à la couleur du terrain, rose, sable, verdâtre, jaune, etc.

Les bornes (*fig.* 28, *pl.* 3). Comme les bornes sont de grosses pierres, on les considère comme une construction, et l'on teinte de carmin foncé la petite superficie qu'elles occupent sur le plan.

LEÇON XX.

Écritures du plan.

Les écritures du plan ne se font que lorsqu'il a été complétement achevé, parce que l'encre de Chine épaisse dont chaque lettre est formée pourrait se délayer et ternir le lavis en se mélangeant aux diverses teintes.

Les indications générales s'écrivent en tout sens; mais toutes les autres écritures doivent être posées horizontalement, c'est-à-dire parallélement à la base de la carte.

1° Les indications générales, comme *commune de*, *section*, *canton*, *chantier*, *triage de bois*, se tracent en grandes capitales italiques : *COMMUNE DE SENONCHES*, *CHANTIER DU BUISSON*.

2° Les forêts, les grandes routes, les fleuves, les rivières, en petites capitales : FORÊT DE SULLY, ROUTE DE GIEN, RIVIÈRE D'EURE.

3° Les bourgs, les villages, les hameaux, les routes de traverse, les bois, les ponts, les ruisseaux, les montagnes, en *gros romain* : **Bourg de Cerdon**, **Route de Janville**.

4° Les églises, les châteaux, les parcs, les maisons, les moulins, les champs, les bosquets, les fermes, en italique : *Saint-Benoît*, *Château de Neuvy*, *Parc de la Ronce*, *Ferme des Burgevins*.

Alphabets pour servir de modèles aux diverses écritures.

1° *A B C D E F G H I J K L M N O P Q R S T U V X Y Z*, capitales italiques.

2° A B C D E F G H I J K L M N O P Q R S T U V X Y Z, petites capitales romaines.

3° a b c d e f g h i j k l m n o p q r s t u v x y z, gros romain.

4° *a b c d e f g h i j k l m n o p q r s t u v x y z*, italique.

Remarque. Il est d'usage, parmi plusieurs géomètres, de dresser une table contenant le nom et la nature de chacune des possessions dont le plan a été dressé et lavé, et des lettres servent de renvoi, comme dans les figures de géométrie; de la sorte, le plan n'est point surchargé d'écritures. La table porte, comme, par exemple, dans le bureau des plans de la ville de Paris, le nom de *légende*, et les écritures de la légende se font en *anglaise-grasse*, ou *ronde-anglaise*, genres dont nous avons établi les principes dans la TECHNOGRAPHIE, publiée par M. *D'Etcheverry* et *Gillet-Damitte.* Nos lecteurs trouveront aussi là, avec notre régulateur technographique, tous les principes raisonnés des diverses espèces d'écritures usuelles ou de fantaisie.

Modèle de légende.

Nota. Cette légende est rédigée sur le plan même.

Plan de la propriété appartenant à M.
commune de

A. Maison et dépendances;
B. Vergers;
C. Potager;
D. Cour principale;
E. Ferme;
F. Jardin de la ferme;
G. Bruyère;
H. Terre labourable;
I. Pâtis ou Pacage;
J. Bois du Pré-Fleuri;
K. Pré du Beuvron, etc.

Remarque. Dans ce système d'écritures, on trace le nom des chemins sur la surface qu'ils offrent en longueur; on suit la même règle à l'égard des rivières.

LEÇON XXI.

Copie d'un plan.

On a souvent besoin de copier un plan. De tous les moyens mis en pratique pour copier un plan, deux sont plus particulièrement employés.

1° *Piquer un plan.*

On dispose *sous* le plan qu'on veut copier la feuille qui doit le recevoir, on l'y étend bien soigneusement, et on l'y attache, soit avec la colle à bouche, soit avec des épingles, soit enfin, ce qui est préférable, avec de gros plombs qui empêchent les deux feuilles de varier; puis, avec une aiguille très fine, ou un piquoir, instrument à cela destiné, on pique chaque point extrême des lignes qui doivent servir à la construction du plan.

Il faut beaucoup d'ordre et d'habitude dans ce genre de travail, parce que, sur un plan lavé, le coup de pointe étant donné, on ne peut retrouver le point si la mémoire trahit; alors on est exposé à piquer deux fois ou à oublier de piquer : double inconvénient, dont le premier jette, par suite, dans l'embarras, et dont le second gâte le plan-modèle.

Calquer un plan.

Pour calquer un plan, on dispose *sur* le plan qu'on veut copier la feuille qui doit le recevoir; on l'étend et on l'attache comme précédemment; ensuite on pose sur une vitre de fenêtre les deux feuilles ainsi ajustées, de manière que la feuille du plan-modèle touche la vitre. La transparence permet de voir tous les détails et de les dessiner sur la feuille blanche superposée.

Si vous êtes exercé au dessin linéaire, vous pouvez, par ce procédé, tracer tous les détails du plan; mais, comme pour faire un calque on ne réussit bien qu'autant qu'on sait manier le crayon, il faut généralement se borner à marquer les points avec quelque indication des principaux détails.

Quand le plan est grand, une vitre de fenêtre ne peut suffire; on dispose, à cet effet, un châssis que l'on garnit d'un grand verre qui y reste adhérent. Si l'on ne tient pas à copier un plan pour le laver, et qu'on veuille se contenter d'un *trait*, on se sert d'un papier très transparent, appelé *papier à calquer*. On en trouve à la gélatine; mais celui dit *végétal* est préférable.

Vous posez une feuille de ce papier sur le plan, et vous le dessinez avec toute facilité. Il faut avoir soin que la pointe du crayon soit très fine, et prendre garde, pour être exact, de dessiner tantôt en dedans, tantôt en dehors du trait.

LEÇON XXII.

QUELQUES UNS DES PROCÉDÉS DE L'ANCIEN SYSTÈME.

Des teintes de fond et des écritures.

48. Lorsque les montagnes, les rochers, les ravins, les encaissements, les carrières, les sablières, etc., lorsque les chemins, les chaussées et les digues sont ombrés, et qu'il s'agit de représenter ce qui croît sur une campagne et ce qu'il y a d'agréable et même d'utile au commerce, on commence,

1° Par mettre toutes les diverses teintes de fond, c'est-à-dire la couleur qui convient, sous chacune des différentes choses, qu'il faut après exprimer sur ces teintes et d'une manière satisfaisante;

2° On fait toutes les écritures nécessaires sur la carte ou sur le plan pour dénommer les principaux objets du pays, et tout ce qui est remarquable, parce qu'alors il n'y a rien sur le dessin qui puisse gêner, entrecouper les mots, en déguiser les lettres ou caractères.

AVERTISSEMENT.

Il conviendrait d'indiquer ici quelle teinte de fond convient à une chose ou à une autre, et quelles sont les couleurs qu'il faut mêler ensemble pour composer ces teintes de fond; quelles sont celles qu'il faut mettre sur le dessin les premières ou les dernières; mais on a mieux aimé dire cela à mesure qu'on enseignera à travailler sur ces teintes; il suffit de prévenir qu'elles doivent être mises avant d'écrire, et avant de faire les arbres, les ceps de vignes, les haies, pointillages des prés, des bruyères, des pâtures, etc.

Nous supposons (ce qui doit être) qu'on a fait sur une carte ou sur un plan tout ce qu'on a dit jusqu'ici, qui est que toutes les teintes de fond différentes, comme celles des bois, des prés, des vignes, sont mises et qu'elles sont bien sèches; cela étant, et pour suivre l'ordre indiqué, c'est ici le lieu de parler des écritures.

Des écritures.

Rien ne dépare plus une carte et un plan bien dessinés qu'une écriture mal faite et mal ordonnée; rien au contraire ne l'orne et ne plaît davantage que quand elle est belle est variée avec goût, tant au titre que sur le dessin.

Lorsqu'on fait toute l'écriture moulée et également grasse, elle écrase le dessin; si on la fait bâtarde et également petite, elle ne s'aperçoit guère; et cette monotonie déplaît, ne différenciant pas les objets.

De cela on conclut tout naturellement qu'il convient d'employer sur une carte ou sur un plan différents corps et différentes sortes d'écritures qui jouent, c'est-à-dire qu'il faut que les noms soient variés entre eux et d'une petitesse proportionnée aux objets qu'ils indiquent; cette gradation plaît à la vue sans la fatiguer, en contribuant à mieux différencier chaque chose et à la trouver plus aisément sur un dessin.

Le goût et le coup d'œil sont les meilleurs guides: l'un enseigne à varier les noms, l'autre apprend à régler la grosseur du caractère d'écriture qu'on emploie; en voici un exemple, où l'on a joint par de petites accolades ce qui doit être écrit de même grosseur et du caractère nommé à droite des grandes accolades.

On doit remarquer dans cet exemple que les petites accolades, accompagnées sur leur droite du petit mot *grasse*, *moyenne*, *petite*, rassemblent sous l'un ou l'autre de ces mots les objets qu'ils faut écrire gras, moyen, ou petit, et du caractère dénommé à la droite de la grande accolade.

Le titre de la carte, du plan ou du dessin, s'écrit quand on veut, mais en grasses capitales et autres sortes d'écritures variées avec jugement.

Lieu principal,	en grosses	capitales droites.
Fief principal,	en moyennes	
Château principal,	en petites	
Forêt ou grands bois, Plaine,	en grosses	capitales penchées.
Territoire, Fleuve, Grande rivière.	moyennes	
Grand lac, Bois taillis,	en petites	
Bourgs,	en gros	romain.
Villages,	en moyen	
Hameaux, Edifices publics, Fermes, Ruines de remarque, Rues, Carrefours, Grand canal,	en petit	
Petite rivière, rigole, Petits canaux,	en grosse	bâtarde.
Ruisseaux, étangs, mares, Chaussées, grands chemins, Avenues, digues, Route dans un bois,	en moyenne	
Ponts, quais, chapelles, moulins, justice, croix, poteaux, bornes, sources, fontaines, marais, îles, arbres remarquables, carrières, sablières, grandes fosses, sentiers.	en petite	

De l'expression des productions de la campagne.

L'été est une saison qu'on suppose quand on représente la campagne sur une carte ou sur un plan, au lieu qu'en tableau on représente la saison qu'on veut, et même la nuit ou le jour, le lever ou le coucher du soleil, le clair de l'une, etc.

On a dit, et on le répète ici, que tout ce qui a pied ou racine en terre, comme échalas, croix, justice, poteaux, moulins à vent, arbres, haies, ceps de vignes, etc., se fait ordinairement, et par goût, en élévation, ou à vue d'homme, plutôt qu'autrement, et aussi perpendiculairement, ou aplomb, sur la ligne inférieure du plan; cette licence est une convention qui fait bien connaître ces sortes d'objets, et qui plait beaucoup.

Nous entrerons dans quelques menus détails, comme nous l'avons déjà fait, afin de satisfaire autant que nous pouvons, non seulement les personnes qui dessinent seulement la carte, mais encore celles qui s'occupent uniquement de l'architecture champêtre, et les arpenteurs qui colorent les terriers.

DES PRÉS.

Les prés sont des étendues de terrain qui produisent des herbes qu'on fauche deux fois l'an, et qui, étant séchées sur place, se conservent pour la nourriture des chevaux et des bestiaux.

Pour exprimer des prés, des gazons ou boulingrins, et tous terrains couverts d'herbes bonnes à faucher, on fait, avec de la couleur d'eau et de la gomme-gutte, mêlées ensemble, une couleur ou teinte verte, dans laquelle on met de l'eau pure, si on la trouve trop forte, avec un pinceau; on pose à plat cette teinte verte dans l'étendue des prés, des vergers, des gazons, etc.; et lorsque cette teinte est sèche, on la charge discrètement, et par places, de petits points d'un vert plus fort, et semés horizontalement avec une plume taillée fine : parmi ces points, on fait en même temps de petites touffes d'herbes, les unes en pomme et les autres épanouies, le tout répandu avec goût, et toujours parallélement à la base du dessin; observant de ne pas représenter des lignes ponctuées non interrompues, et dans la même direction, d'un bout à l'autre du pré, et de faire une plus grande quantité de points le long d'un rivage, et sur les bords du terrain herbu.

DES PRÉS ARTIFICIELS.

On nomme prés artificiels, les champs de trèfle, de luzerne, de sainfoin, etc. Ces prés se sillonnent comme les terres labourées, étant regardés, ainsi que les champs de cette espèce, quoiqu'on les fauche et qu'on les récolte, de même que les véritables prés.

En supposant qu'on veuille représenter sur un plan des prés artificiels, on met une teinte verte et très claire dans l'étendue de chaque champ; sur cette teinte de fond, lorsqu'elle est sèche, et avec du vert gai et une plume, on fait par sillons très serrés, de petits traits verticaux et fort pressés.

DE L'INDIGO.

L'indigo est une herbe semblable au trèfle, avec cette différence que sa feuille est d'un vert bleu; et quoique les champs d'indigo ne soient pas artificiels, c'est ici le lieu d'en parler à cause de la manière de les faire.

Pour exprimer les champs d'indigo, on met dans chacun une teinte verte très claire, et tirant plus sur le bleu que sur le jaune; quand elle est sèche, on la sillonne comme les prés artificiels, avec cette différence seulement qu'on se sert de bleu pour faire les petits traits, tant soit peu inégaux par intervalles et par goût, comme aux champs de trèfle et de luzerne, etc.

DES PELOUSES.

Les pelouses sont des terrains remplis d'herbes; il y en a de faites dans la vue de décorer quelque endroit; celles-là se fauchent comme les prés, et s'expriment de même sur un plan.

Les pelouses où l'art n'a point de part sont de simples pacages qui ne produisent que médiocrement de petites herbes, que les bestiaux mangent sur pied; ces terrains sont communément ravagés par les taupes.

Pour exprimer une pelouse naturelle, on commence d'abord par faire les taupières et les petits monticules, avec un pinceau rempli de couleur de montagne; on répand ces très petits monticules avec goût et discrétion dans l'étendue du terrain, en les ombrant à propos; après, et par place, on y passe une légère teinte de pré, et une autre teinte verte tirant sur le jaune de manière qu'elles s'unissent en fond marbré qu'on laisse sécher; ensuite, avec une plume chargée de vert de vessie, on pointille sur ce fond, mais avec beaucoup plus de discrétion que si c'était une prairie, et en y répandant avec plus de profusion par canton, et avec goût, de touffes d'herbes, les unes plus vertes ou plus jaunes que les autres.

DES PATURAGES ET DES SAVANES.

Les pâturages et les savanes sont des terrains qui donnent en petite quantité des herbes qui ne viennent pas assez grandes pour être fauchées; mais pour en profiter, on y met pacager les bestiaux: ces terrains sont communément remplis de petits monticules ou de taupières, et quelquefois mêlés de sable en certains endroits.

Pour exprimer les lieux de pâturages, il faut d'abord commencer par faire les petits monticules, ainsi qu'il est dit, ensuite on distribue par lames, çà et là, un peu de couleur de sable; on met après deux sortes de teintes vertes qui font un fond marbré, lequel pointillé avec du vert de vessie, comme il a été dit au sujet des pelouses; enfin on achève, en faisant les petits points rouges sur les places de sable, quand il y en a sur la pâture ou dans le savane.

DES BRUYÈRES.

Les bruyères sont de petits arbustes rampants, qui viennent naturellement sur un terrain aride, qui ne produit ordinairement pas autre chose.

Pour exprimer des bruyères sur un plan, on commence par mettre sur l'étendue du terrain une teinte très pâle d'un rouge brun sur le fond, et avec un pinceau presque à sec, on lance horizontalement et alternativement par places, une couleur rousse et une couleur de vert jaune, ou de vessie, de manière qu'elles grainent à fond; on y réussit en mettant peu de couleur dans les pinceaux et en leur faisant faire plusieurs pointes; pour cela on les aplatit avec le doigt sur le bord du vase, ou sur un morceau de papier; ensuite, pour achever les bruyères, on se sert de différentes couleurs et d'une plume pour les pointiller plus ou moins en certains endroits avec goût et discrétion.

DES FRICHES.

Les friches sont des terrains négligés et sans culture, qui ne produisent alors que de mauvaises herbes, très peu substantielles pour les bestiaux.

Pour représenter des terrains en friches, on passe sur toute leur étendue une teinte très légère d'un vert jaune composé de gomme-gutte et de couleur d'eau, ou l'on y étend, par lames horizontales, deux teintes de verts différents, et qui, posées en même temps, se fondent l'une dans l'autre; après cela, avec une plume chargée de vert de vessie, on pointille très directement sur ce fond.

Manière de faire les bois de haute futaie.

Ayant une plume discrètement chargée d'encre de la Chine, on commence par former des masses de têtes d'arbres ou des feuillées; par-dessus ces têtes, on fait aussi par masses des tiges groupées; au bas de ces tiges, et de gauche à droite, on lance de petits traits inégaux et horizontaux, suivis de quelques points semés avec art.

On n'imite pas les arbres difformes que les paysagistes admirent, qui font bien dans un tableau, et feraient mal sur un plan; on les fait droits, on les groupe avec goût et intelligence, de manière que ces masses soient irrégulières, qu'il y en ait qui cachent en tout ou en partie les tiges de quelques autres; que l'on voie des places vieilles et des endroits vagues; on ombre ces feuillées ou têtes d'arbres sur leur droite, ce qui leur donne du relief, et par une ombre générale appliquée sur une masse d'arbres, on fait sentir la partie ou la totalité d'une autre feuillée exposée à la lumière; après cela, au bas des tiges, on pose les ombres que ces groupes d'arbres doivent causer sur les vides et les places vagues; ces ombres font voir à découvert le fond des bois.

Quand on a ainsi formé ces groupes d'arbres, on met dans les places vides et sous les feuillées, une teinte de rouge brun et une teinte de vert jaune, toutes deux fort légères; cette marbrure peint bien le fond d'un bois, qui est communément couvert et chargé de mousse, de plantes et d'herbes de différentes couleurs. En mettant ces teintes de fond, il faut avoir l'attention de ne pas anticiper sur les feuillées, afin qu'elles paraissent mieux au-dessus du fond du bois.

Pour achever ce bois, on met un peu de jaune clair à quelques endroits de la partie supérieure des feuillées ou têtes d'arbres, pour faire sentir où la lumière les éclaire; enfin, on met dans tout le reste des feuillées différents verts gais, mais avec plus ou moins de gomme-gutte et de couleur d'eau mélangée; ces verts rendent parfaitement la nature dans ses variations à l'égard des têtes d'arbres.

APPENDICE SUR LES COULEURS EN USAGE DANS LE PAYSAGE A L'AQUARELLE ET SUR LEUR EMPLOI.

I.

Des couleurs.

Les marchands vendent un nombre infini de couleurs qui ne sont la plupart du temps que des nuances les unes des autres; nous ne parlerons que d'une *trentaine* de couleurs, dont nous donnerons une description, avec quelques remarques sur leur emploi et sur leur durée.

1. L'**INDIGO** est un beau bleu foncé; cependant il n'est pas assez brillant pour les ciels bien éclairés : on ne doit en faire usage que pour les aurores et les soirs, qui exigent des teintes foncées. On se sert de cette couleur fort avantageusement pour faire différents violets, en la mêlant avec de la laque; ou des verts, en la mêlant, suivant les proportions diverses, avec toute espèce de couleur jaune : on a remarqué qu'elle est très durable.

Nous entendons par la durée des couleurs, la propriété qu'elles ont de conserver longtemps leur fraîcheur; par exemple, la laque jaune, ne dure pas, parce qu'elle se fond et pâlit; le bleu de Prusse ne dure pas, parce qu'il est sujet à devenir plus foncé.

2. Le **BLEU DE PRUSSE** est une superbe couleur; on s'en sert pour des ciels sans nuages; on l'emploie aussi pour les montagnes éloignées, les draperies, les fleurs, etc. Le bleu de cobalt, quoique plus dispendieux, est bien préférable; il n'a point, comme le bleu de Prusse, l'inconvénient de changer quand il est combiné avec d'autres couleurs.

3. Le **BLEU D'ANVERS**, quoiqu'il ne soit pas d'un bleu bien prononcé, est fort utile pour représenter la couleur délicate d'un ciel brillant de lumière; cette couleur est fort solide.

4. L'**OUTREMER**, l'une des couleurs les plus belles comme une des plus chers que nous possédions, est d'un emploi très difficile; il a le défaut de se coaguler ou de se gercer quand on l'étend sur l'assiette avec de l'eau. Je recommande donc aux élèves de s'en servir rarement. Cette couleur est très solide.

5. Le **COBALT** est un beau bleu foncé, qui tient le milieu entre le bleu de Prusse et l'outremer, mais qui est plus facile à employer et qui dure tout autant.

6. Le **VERMILLON** s'emploie pour les rouges les plus brillants de la draperie, pour les chairs et pour les objets peints, tels que les drapeaux, les barques, etc. Cette couleur est si brillante, qu'elle éclipse tous les autres rouges; elle est sujette à changer.

7. Le **CARMIN**, qu'on peut considérer comme étant de la même nature que la laque, est beaucoup plus brillant;

on s'en sert avec beaucoup de succès pour les fruits, les fleurs, les figures et les draperies.

8. La LAQUE est une des couleurs les plus essentielles pour le paysage, parce qu'elle est d'une sorte de rouge qui, mêlé au bleu ou au jaune, forme les plus belles teintes. M. Varley observe que les laques couleur de pourpre sont plus durables que les carminées ou les autres laques les plus brillantes; il faut cependant en excepter la laque de garance.

9. Le ROUGE DE VENISE sert pour les teintes rougeâtres de l'horizon et pour les teintes neutres (1) lorsqu'on le mêle avec de l'indigo et très peu de laque. Il a la propriété de se mélanger parfaitement avec toutes les couleurs (excepté avec l'encre de Chine) et de s'étendre uni et sans nuances sur le papier. On peut l'employer en remplacement du rouge léger; l'usage en sera plus agréable : il vaut mieux que le rouge de l'Inde, qui est lourd et foncé. Le mélange de cette couleur avec de l'ocre jaune est fort bon pour les teintes générales. On s'en sert pour les briques, les tuiles, etc.

10. Le ROUGE INDIEN est une couleur fort utile, surtout à cause du beau violet qu'on en obtient en le mélangeant avec du bleu; il est cependant difficile de s'en servir, à cause de son poids qui l'entraîne quand il est sur le papier, tandis que le bleu avec lequel il est mélangé étant plus léger, s'emporte avec le pinceau et laisse le rouge fixé sur un côté du papier : les élèves feront donc bien de ne s'en servir que rarement.

11. Le ROUGE LÉGER est un peu semblable au rouge de Venise; on doit cependant préférer toujours ce dernier. On peut rendre sa nuance tout à fait semblable en y mêlant un peu de laque.

12. Le ROUGE DE GARANCE est une couleur superbe et solide; quand on s'en sert pour remplacer la laque ordinaire, on obtient des tons légers : c'est pour cette rai-

(1) Par teinte neutre on entend un gris obtenu avec une quantité égale de jaune, de bleu et de rouge, en sorte qu'aucune de ces couleurs ne domine.

son que grand nombre d'artistes en font particulièrement usage.

13. Le ROUGE DE PLOMB, appelé aussi rouge de saturne, est une couleur lourde et opaque; étendue de blanc, elle sert dans les teintes du ciel et les aurores.

14. La GOMME-GUTTE est employée ordinairement dans la composition des verts; cette couleur est solide et très éclatante : on ne doit en faire usage que pour les verts, les draperies jaunes, les gazons, etc.

15. Le JAUNE D'ITALIE est un jaune brillant; on s'en sert pour les verts; et, quoique sa couleur ne dure pas aussi longtemps que celle de la gomme-gutte, elle est préférable, principalement pour les commençants; le vert qui provient de cette couleur sert pour les plantes des premiers plans, et n'a point cette apparence métallique et bronzée qui a lieu quelquefois dans les verts que l'on fait avec la gomme-gutte.

16. La TERRE DE SIENNE est un jaune fort utile; on l'emploie indistinctement pour les ciels, les bâtiments ou les verts d'arbres et de gazon : cette couleur n'est pas solide.

17. L'OCRE JAUNE est employée pour les bâtiments de pierre ou de plâtre, les champs de blé mûr et les teintes jaunâtres du ciel vers l'horizon; son mélange avec le rouge de Venise produit une couleur très convenable pour les forts reflets de lumière sur les bâtiments. Il ne faut jamais s'en servir pour le vert du gazon ou des arbres, elle n'a pas assez de transparence.

18. L'OCRE ROMAIN est d'une couleur plus foncée et plus chaude que la précédente; on peut s'en servir pour les mêmes usages : ces couleurs sont solides.

19. Le JAUNE DE L'INDE est d'une couleur plus riche et plus foncée que la gomme-gutte; on en fait usage principalement pour les verts.

20. Le JAUNE DE FIEL, étant un jaune transparent comme la couleur précédente, est employé aussi pour les verts; on s'en sert pour animer ceux qui sont trop ternes, en passant une couche par dessus. Cette couleur et la précédente sont peu solides.

21. La LAQUE JAUNE est extrêmement volatile : on

en fait peu d'usage; elle ressemble en quelque sorte à la terre de Sienne.

22. Le JAUNE BRUN est de même nature que le jaune d'Italie, quoique d'une nuance beaucoup plus triste et plus foncée; les verts dans la composition desquels il est employé sont toujours d'un bon effet.

23. La TERRE D'OMBRE est une couleur extrêmement utile pour représenter la boue, la terre, le vieux plâtre, le bois, etc. On peut s'en servir aussi pour ombrer le blanc : mélangée avec l'indigo, elle produit un bon vert jaune.

24. La TERRE DE SIENNE BRULÉE est une couleur très solide; on s'en sert indistinctement pour la terre sur laquelle le soleil donne en plein midi, et pour les teintes du soir; pour les bâtiments sur lesquels reflète le soleil. Cette couleur est principalement employée pour les différents tons plus brillants ou plus foncés, en y mêlant plus ou moins d'indigo et de gomme-gutte; employée seule, elle sert à donner des tons chauds; on doit n'en mettre que dans quelques endroits saillants, et ne pas prodiguer ce moyen de faire chaud et vigoureux.

25. La TERRE D'OMBRE BRULÉE est une couleur très utile pour représenter la terre, de même que

26. La TERRE DE COLOGNE et

27. Le BRUN DE VANDYCK : toutes ces couleurs, mais principalement cette dernière, sont très bonnes pour donner de la vigueur et du ton, pour des touches forcées et animées, pour les ombres, pour les bois, etc.

28. La SÉPIA s'emploie souvent seule, comme l'encre de la Chine, pour laver des dessins; dans la composition, elle sert pour ombrer et terminer. Elle est préférable à l'encre de la Chine, plus facile à employer et d'un effet plus agréable : on s'en sert avec succès pour ombrer les objets blancs.

29. Le NOIR DE LAMPE ne doit être employé que pour les draperies : on s'en sert plus pour la miniature que pour le paysage.

30. L'ENCRE DE LA CHINE ne s'emploie que pour les dessins à l'encre de Chine.

31. Le BLANC, comme toutes les couleurs opaques, ne

doit être employé que le moins possible pour les dessins coloriés; cette couleur est cependant extrêmement utile pour faire les draperies.

II.

Mélange des teintes.

Après avoir parlé des couleurs, j'emploierai quelques lignes pour expliquer la théorie des couleurs, après quoi je donnerai quelques avis sur la manière de composer les teintes dont on se sert le plus souvent pour peindre à l'aquarelle.

Il n'y a que trois couleurs primitives, dont toutes les autres se composent; ces couleurs sont : le jaune, le bleu et le rouge; avec ces trois couleurs, nous pouvons tirer toutes les teintes qui sont dans la nature. Ces trois couleurs primitives en forment quatre autres composées :

1° Le mélange du bleu et du jaune produit le vert;
2° Le mélange du rouge et du jaune produit l'orangé;
3° Le mélange du rouge et du bleu produit le violet:
Et 4°, le mélange de toutes les couleurs primitives, le jaune, le vert et le bleu, produit le gris. Il y a différentes espèces de gris : on en désigne l'espèce par le rapprochement qu'il a avec une de ces trois couleurs; par exemple, un gris dans lequel le jaune domine, s'appelle gris-jaune; de même pour le gris-bleu, le gris-rouge, etc.; ou avec les trois premières couleurs composées, le vert, l'orangé et le violet.

Quand l'élève veut faire l'emplette d'une boîte de couleurs, je lui conseille d'en prendre une dans laquelle il ne se trouve pas plus de douze pains : s'ils sont bien choisis, ils suffiront pour tous les besoins. Voici la liste des couleurs que j'ai coutume d'employer :

1° L'indigo,
2° Le bleu de Prusse,
3° L'ocre jaune,
4° Le jaune d'Italie,
5° Le rouge de Venise,

6° La terre de Sienne brûlée,
7° La laque,
8° La terre d'ombre,
9° Le brun de Vandyck,
10° La sépia,
11° Le noir de lampe,
12° Le carmin.

Dans la composition des teintes suivantes, je n'ai fait usage que des neuf premières. Voici la manière de les composer.

1. Pour rendre le bleu-clair d'un beau ciel, les montagnes en lointain, on se sert de bleu de Prusse avec une petite quantité de laque. Remarquez que c'est la seule des teintes de cette leçon où entre le bleu de Prusse.

2. Pour le soleil couchant, les montagnes éloignées, et pour le ciel d'un jour sombre, il est composé d'indigo et d'une très petite quantité de laque.

3. Teinte composée de laque, d'indigo et d'une assez grande quantité de terre d'ombre; on s'en sert pour les nuages.

4. On s'en sert pour le même usage, et sa composition est la même, avec cette exception seulement que la terre d'ombre y est en moins grande quantité.

5. Mélange égal de laque, d'indigo et de terre d'ombre; on la nomme ordinairement *teinte neutre* (1); on en fait beaucoup usage pour les bâtiments éloignés, pour les arbres et autres objets, surtout s'ils repoussent un soleil couchant.

6. Mélange d'indigo avec une petite quantité de terre d'ombre, pour les arbres éloignés.

7. Même composition pour les arbres plus rapprochés, avec cette différence qu'il y entre plus de terre d'ombre.

8. Pour la partie ombrée des arbres qui se trouvent placés plus près du premier plan; couleur extrêmement

(1) Cette teinte, ainsi que les autres, peut être plus foncée ou plus claire, selon que l'occasion le requiert.

utile pour le vert des saules qui est plus pâle et plus argenté que le feuillage des autres arbres.

9° Teinte composée aussi d'indigo et de terre d'ombre. Cette dernière couleur étant en plus grande quantité que dans aucune des premières teintes, s'emploie pour les arbres du premier plan qui sont dans l'ombre.

10. Teinte pour le même usage, composée de terre de Sienne et d'indigo; cette nuance, aussi bien que celle du n° 9 et les deux suivantes, est extrêmement utile pour charger les autres et pour tracer la forme des plantes et du feuillage, pour lesquels on s'est servi d'une des quatre teintes 13, 14, 15, 16, en ayant soin d'employer la plus foncée pour le n° 13, jusqu'à la plus claire pour le n° 16.

11. Teinte pour représenter le feuillage qui se trouve dans l'ombre; elle est faite de terre de Sienne brûlée et d'indigo, la première de ces deux couleurs dominant.

12. Teinte employée pour le même usage, et composée des mêmes couleurs que la dernière; la quantité de terre de Sienne augmentée.

13. Mélange de quantité égale (1) de terre de Sienne et de jaune d'Italie, avec un peu d'indigo. On s'en sert pour le feuillage brûlé par le soleil et les extrémités saillantes des arbres.

14. Composée des mêmes couleurs que la teinte n° 13, seulement la terre de Sienne en moins grande quantité; on s'en sert aussi pour le feuillage, quand il n'est point dans l'ombre.

15. Composée de jaune d'Italie et d'indigo; on s'en

(1) Quand je dis quantités égales, je n'entends pas par là quantités égales par rapport au poids ou à la grosseur; je ne fais attention dans cette occasion qu'à la force de chacune de ces couleurs, en sorte qu'aucune ne domine : par exemple, cinq pains de jaune d'Italie seraient à peine suffisants pour un pain de bleu d'indigo; car si on broyait ces couleurs ensemble, elles produiraient un vert dans lequel le jaune d'Italie serait bien loin de dominer, quoique cinq fois plus considérable en volume et en poids que l'indigo.

sert pour les parties les plus brillantes du feuillage : on ne doit cependant en faire usage qu'avec réserve, de même que la suivante.

16. Composée des mêmes couleurs, avec une moindre portion d'indigo ; elle sert aux mêmes usages.

17. Mélange d'ocre jaune avec une très petite quantité de laque et d'indigo ; cette couleur est fort utile pour les teintes claires des bâtiments en pierres et les routes argileuses.

18. Terre d'ombre seule. Comme nous avons déjà décrit cette couleur, nous ne l'avons introduite ici que pour continuer la gradation.

19. Mélange de terre d'ombre et de laque, très utile pour les routes, la terre, les bois, les bateaux, les bâtiments, etc.

20. Couleur composée de terre d'ombre, de laque, d'une petite quantité d'indigo ; employée pour les mêmes usages que la précédente, elle ombre parfaitement.

21. Mêmes couleurs constitutives que la dernière teinte, avec un peu plus de bleu ; on en fait le même usage que des deux teintes précédentes à la place desquelles on peut l'employer pour ombrer.

22. Teinte composée des mêmes couleurs, en augmentant le bleu ; on s'en sert pour l'ombre des objets blancs, l'écorce des arbres, les vieilles palissades, etc. ; on peut aussi l'employer à ombrer la couleur n° 21.

23. Composée des mêmes couleurs que la dernière, avec une plus forte quantité d'indigo ; on s'en sert pour le même usage. Quand on fait la nuance très pâle, elle est extrêmement utile pour représenter le gris argenté qu'on trouve sur l'écorce des vieux arbres, des bâtiments en ruine, des pierres, et qui est ordinairement occasionné par les lichens gris qui s'y attachent.

24. Composée aussi de laque, d'indigo et de terre d'ombre, mais où la laque et le blanc prédominent ; servant aux mêmes usages que la dernière : on l'emploie aussi pour les briques et les tuiles, quand elles sont dans l'ombre.

25. Mêmes principes que la précédente, seulement

la laque dominant davantage. Cette teinte est fort bonne pour le côté ombré de tout objet rouge.

26. Teinte composée de rouge de Venise avec très peu de terre d'ombre et d'indigo; on s'en sert pour les parties éclairées des tuiles, des briques, etc., quand ces objets sont très près du premier plan.

27. Rouge de Venise seul; cette couleur est utile pour les parties éclairées des toits rougeâtres des bâtiments éloignés. Nous avons déjà décrit dans la treizième leçon les différents usages auxquels cette couleur peut servir.

Je conseille à l'élève de tâcher d'imiter ces teintes sur une feuille de papier, en commençant par la première, et de la refaire jusqu'à ce qu'il puisse, à force de persévérance et de soins, acquérir assez d'habitude pour en faire le *fac simile*, quand il le voudra; il pourra ensuite passer à la seconde teinte, qu'il obtiendra bien plus facilement que la première; le soin et l'attention qu'il aura mis pour la précédente le feront parvenir plus facilement à acquérir celle-ci. Il doit s'attacher à rendre les couches aussi égales que possible, parce que l'un des plus grands charmes de l'aquarelle réside dans la manière unie et égale avec laquelle on couche les couleurs sur le papier, et particulièrement pour les ciels.

III.

De l'art de colorier le paysage.

Nous voici arrivé à la partie la plus difficile, mais en même temps la plus agréable du dessin, celle du colorier, que l'on nomme *aquarelle.*

Nous avons déjà parlé dans notre leçon sur l'encre de la Chine, pages 12 et 33, des procédés convenables pour étendre le papier; nous avons de même parlé des pinceaux, des couleurs, etc. Soit un paysage représentant une chaumière.

Après avoir tracé une esquisse nette et correcte, l'élève doit se pourvoir d'un verre et d'une tasse pleine d'eau de rivière, propre, d'une assiette blanche ordinaire, sur les bords de laquelle il frotte une petite quantité d'indigo, de laque, de terre d'ombre, d'ocre jaune, de terre de Sienne et de jaune d'Italie. Il n'aura besoin du brun de Vandyck que quand son dessin sera presque terminé; les couleurs s'emploient beaucoup mieux quand elles sont nouvellement frottées que quand elles ont séché sur l'assiette; je lui conseille donc de ne détremper son brun que lorsqu'il sera sur le point de l'employer. La méthode la plus ordinaire comme la meilleure, quand on commence à colorier, est de faire d'abord le ciel et le lointain, qu'on fera bien de finir avant de toucher aux autres parties, parce que c'est d'après le ton de ceux-ci que l'élève pourra juger du degré de force et de vigueur qui sont sur le premier et le second plans.

Ceux qui ont l'habitude peuvent finir par le ciel, mais souvent cette manière offre de grandes difficultés, et quelquefois est absolument impraticable; par exemple, quand les arbres sont placés sur un fond de ciel, une teinte passée par dessus les brouillerait et effacerait le vert qui, se mélangeant avec la couleur destinée à représenter les nuages ou le ciel bleu, les gâterait entièrement.

Pour les couches larges et étendues, l'élève doit se servir du pinceau le plus gros. La terre se fera parfaitement avec le pinceau de grosseur moyenne. La première teinte qu'il faut apprêter est celle du ciel bleu; elle se compose d'indigo, d'une petite quantité de laque, semblable à celle n° 2 de la précédente leçon. L'élève doit commencer avec cette teinte par le coin à droite et continuer le long du haut du dessin, ayant soin que son pinceau soit bien rempli de couleur, et l'étendre en repassant le pinceau sur ce qui est déjà peint environ à chaque demi-pouce, en laissant assez de couleur pour que le bas soit mouillé et puisse se fondre avec la couche qu'il va appliquer en dessous; quand il est arrivé à la moitié de la hauteur de son dessin, il doit reprendre du commencement de sa teinte et continuer une seconde couche de couleur, ayant soin de passer légèrement son pinceau sur la première couche, pour que la couleur surabondante qui est sur le bord s'étende et se mélange dans la seconde couche. Quand il est arrivé au bout de la première teinte, il peut les faire toutes deux dans la longueur du dessin, ensuite retourner au coin droit et continuer comme avant, jusqu'à ce que toute la partie bleue soit couverte; ces parties, qui se mêlent avec le gris des nuages, doivent être fondues au moyen d'eau qu'on ajoute progressivement à la teinte jusqu'à ce qu'elle devienne de l'eau pure. En suivant la méthode que je viens d'indiquer, l'étudiant sera bientôt en état d'étendre une couche unie (c'est une des plus grandes difficultés pour les commençants); il faut, pour réussir, tenir toujours le pinceau bien plein de peinture, en ne laissant pas sécher le bord de la teinte avant de continuer, et ne jamais repasser sur ce qui est fait pendant que la couleur est encore mouillée. L'élève doit avoir soin de ne pas laisser le bord d'une teinte plus de quatre à cinq secondes sans y toucher, à moins que le papier ne soit fort rude et fort gros; en ce cas, il pourrait rester dix ou quinze secondes sans inconvénient. C'est pour cette raison que je conseille à l'élève de prendre d'abord des dessins de petites dimensions, et de se servir de papier très fort; il pourra aussi, tant qu'il ne fera que de petits dessins, se dispenser de tendre.

Si le bord des nuages blancs se trouvait trop foncé, il faudrait tremper un pinceau propre dans l'eau, le presser pour en faire sortir l'humidité, et ensuite retirer avec précaution la couleur de l'endroit où elle est trop forte; il faut prendre garde de n'en point trop retirer, sans quoi on pourrait faire une tache blanche.

La teinte suivante est celle des nuages; elle se compose de laque, d'indigo, de terre d'ombre, et est pareille à celle du n° 4 de la dernière leçon. Pour la coucher sur le papier, l'élève doit commencer par prendre dans son pinceau de l'eau pure et en laver le côté droit de son ciel, ajoutant graduellement un peu de sa teinte à mesure qu'il avance dans son dessin (1); il faut qu'il laisse le bord

(1) Ce procédé est absolument le contre-pied du dernier numéro, pour lequel il s'agissait d'adoucir la teinte d'un ciel

blanc des nuages, autant qu'il le pourra, de la même forme que dans le modèle; il n'a plus maintenant qu'à conduire sa teinte jusqu'à la maison et dans le lointain, en ayant soin seulement de l'adoucir progressivement; les nuages se fondent dans le bleu du ciel.

Cette manière de fondre une teinte avec une autre, en les adoucissant avec de l'eau, est peut-être la meilleure pour un commençant; cependant, quand il aura acquis une certaine habitude de se servir du pinceau, il fera aussi bien de travailler de la manière suivante : ayant couché la teinte bleu de ciel, comme nous venons d'indiquer, au lieu de fondre avec de l'eau, il ajoutera graduellement une petite quantité de la couleur indiquée pour les nuages, jusqu'à ce qu'il ait tout changé en teinte, qu'il doit continuer d'étendre comme nous l'avons indiqué ci-dessus.

L'élève doit observer avec la plus grande attention tous les effets de la nature. Ce n'est que par la facilité à changer les teintes en s'en servant qu'on finit par acquérir de la promptitude dans l'exécution, et la possibilité d'obtenir beaucoup d'expression avec un très petit nombre de teintes.

Une montagne dans le lointain est coloriée avec la même teinte que le ciel, composée de même d'indigo et de laque; quand elle est sèche, on met vers le bas une seconde teinte semblable à celle n° 8, et le ciel et le lointain sont alors terminés.

On s'occupe ensuite de la maison; on commence par une légère teinte d'ocre jaune pur; pour le coin gauche, on charge cette couleur à mesure qu'on avance, en y ajoutant peu à peu de la laque et de l'indigo; on met une teinte plus terne et plus sombre en approchant du côté droit, et on a soin de laisser la croisée en blanc.

On fait la route en se servant de la couleur n° 21, pour ce qui est près de la maison, ajoutant de la terre d'ombre à mesure qu'elle avance sur le devant du tableau,

---

bleu. En ajoutant de l'eau, il faut veiller à ce que la première couche soit sèche avant de se servir de la seconde.

jusqu'à ce que l'endroit le plus rapproché de l'œil du spectateur ne soit plus que de la terre d'ombre pure. Le gazon à droite et à gauche de la route est colorié avec le vert n° 13; la cheminée et les tuiles rouges avec du rouge de Venise pur; les carreaux de la fenêtre avec de l'indigo; et l'appentis en bois du bout de la maison, l'ombre du toit qui projette sur la fenêtre et le côté de la cheminée, avec le n° 5, pour compléter le lavage des premières teintes. On colorie les arbres avec l'avant-dernier pinceau et avec la teinte n° 12, faite très forte.

Le côté le plus rapproché des arbres est fait avec le n° 9, et ceux plus éloignés avec le n° 8.

L'élève aura alors fini entièrement de mettre la première teinte sur le dessin. Il vaut mieux qu'il lave le paysage entièrement avant que de finir, exception faite cependant du ciel et du lointain; il ne pourra juger de l'effet de son ouvrage qu'après avoir teinté tout son papier.

Après avoir terminé le ciel et le lointain, il sera bon qu'il commence par les arbres. On emploie pour les ombrer les mêmes teintes dont on s'est déjà servi pour les laver; ensuite on ombre aussi le gazon avec la même teinte que la première, seulement un peu plus foncée. Quant à la manière d'étendre cette teinte sur le papier, il est impossible de la décrire avec des mots, ce sera en donnant une grande attention au modèle que l'élève pourra imiter les formes et les différentes manières d'ombrer la terre, les arbres, les gazons, etc. Pour finir la route, il faut se servir du n° 20 pour ce qui se rapproche de la maison, et à mesure qu'elle avance vers le bord du tableau, employer le n° 21. Il faut aussi avoir soin de bien imiter la forme des ornières, autrement la perspective de la route serait incorrecte, et par conséquent l'effet manqué.

Pour donner de l'effet au dessin, il faut des touches hardies de brun de Vandyck, avec un pinceau assez fin; c'est cette même couleur très foncée qu'il faut employer pour les ornières, le côté ombré des boiseries et le tour de la fenêtre, etc., etc. Il faut que le pinceau soit bien imbibé de couleur pour faire ressortir les bois bien nettement.

Pour gratter, on emploie un canif, ou mieux un instrument à ce destiné, appelé *grattoir*, dont la pointe se termine comme une lancette; c'est avec cet instrument qu'on réussit à rendre les lignes lumineuses *ou rayon de lumière*, les effets de lumière sur l'eau, etc.

Pour enlever la couleur, on trace avec un pinceau imbibé d'eau pure la forme exacte de l'endroit de la peinture qu'on veut laisser en blanc, alors, avec un chiffon propre, on éponge l'humidité, en ayant soin de changer l'endroit du chiffon afin que la couleur enlevée laisse voir le papier dans toute sa blancheur; s'il est nécessaire que le blanc soit bien net, on peut frotter avec un peu de gomme élastique.

FIN.

TABLE DES MATIÈRES.

FIN DE LA TABLE.

IMPRIMERIE D'HIPPOLYTE TILLIARD, RUE S.-HYACINTHE, 30.

Planche 1.re

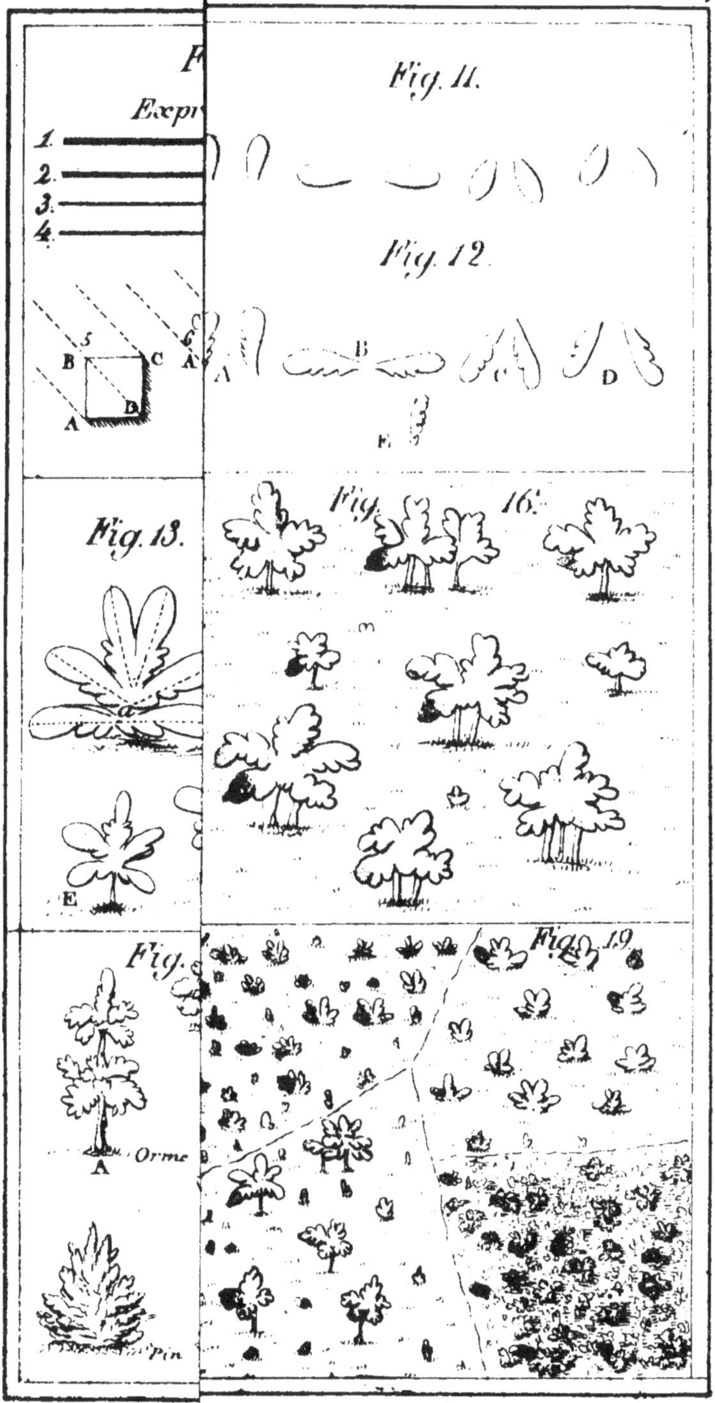

Fig. 11.

Fig. 12.

A B C D E

Fig. 16.

Fig. 13.

E

Fig. 19.

Orme

Pin

Lith. de Bénard et Cie

Gillet Damitte del.

Planche 1re

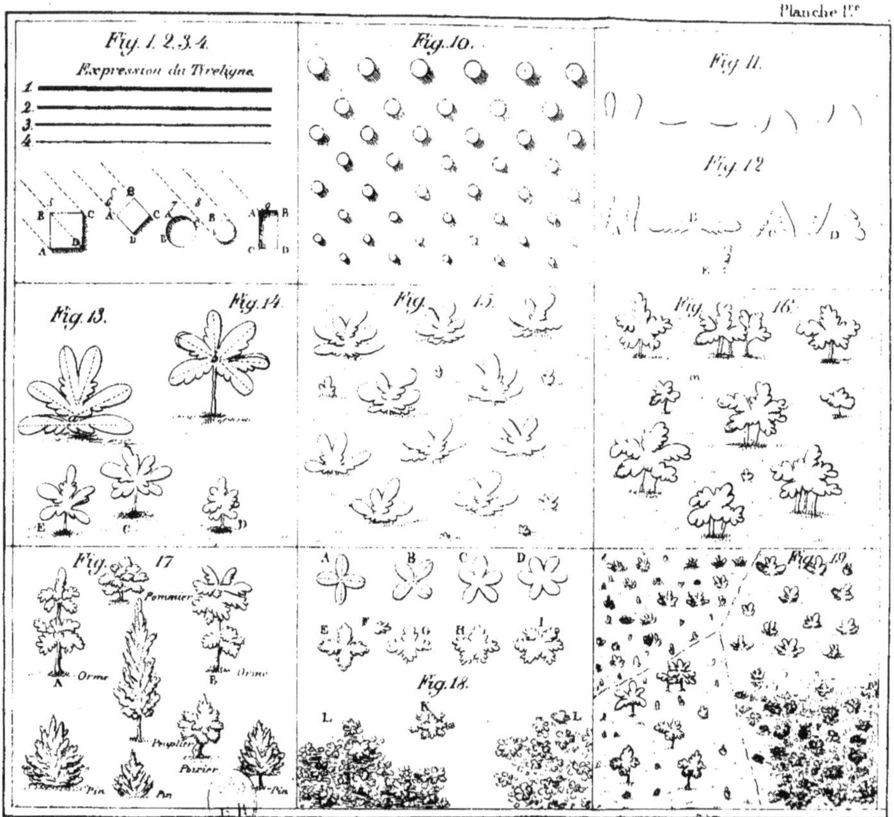

Fig. 1. 2. 3. 4.

Expression du Trelligne

Fig. 10.

Fig. 11.

Fig. 12.

Fig. 13.

Fig. 14.

Fig. 15.

Fig. 16.

Fig. 17

Pommier

Orme

Orme

Peuplier

Poirier

Pin

Pin

Pin

Fig. 18.

Fig. 19

Lith. de Bénard et Cie

Gilles Danzette del.

Planche 2.

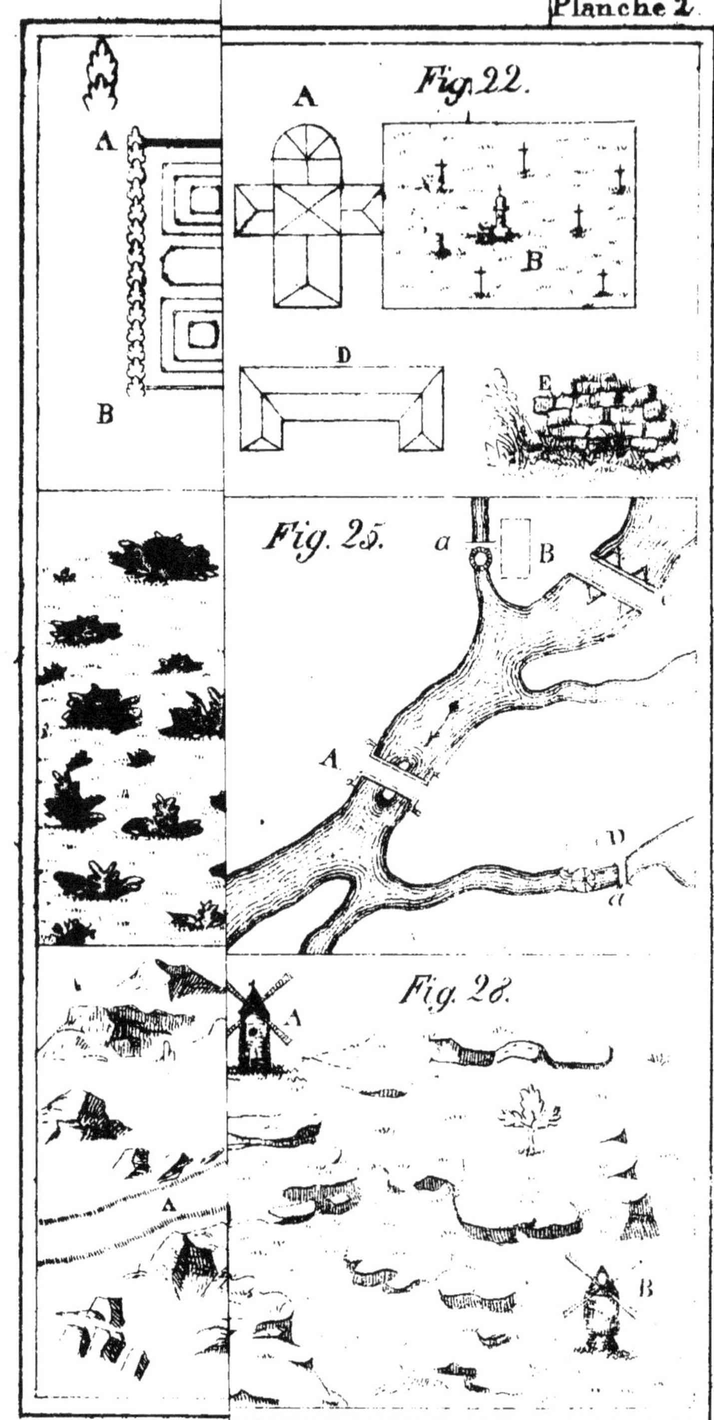

Lith. de Benard et

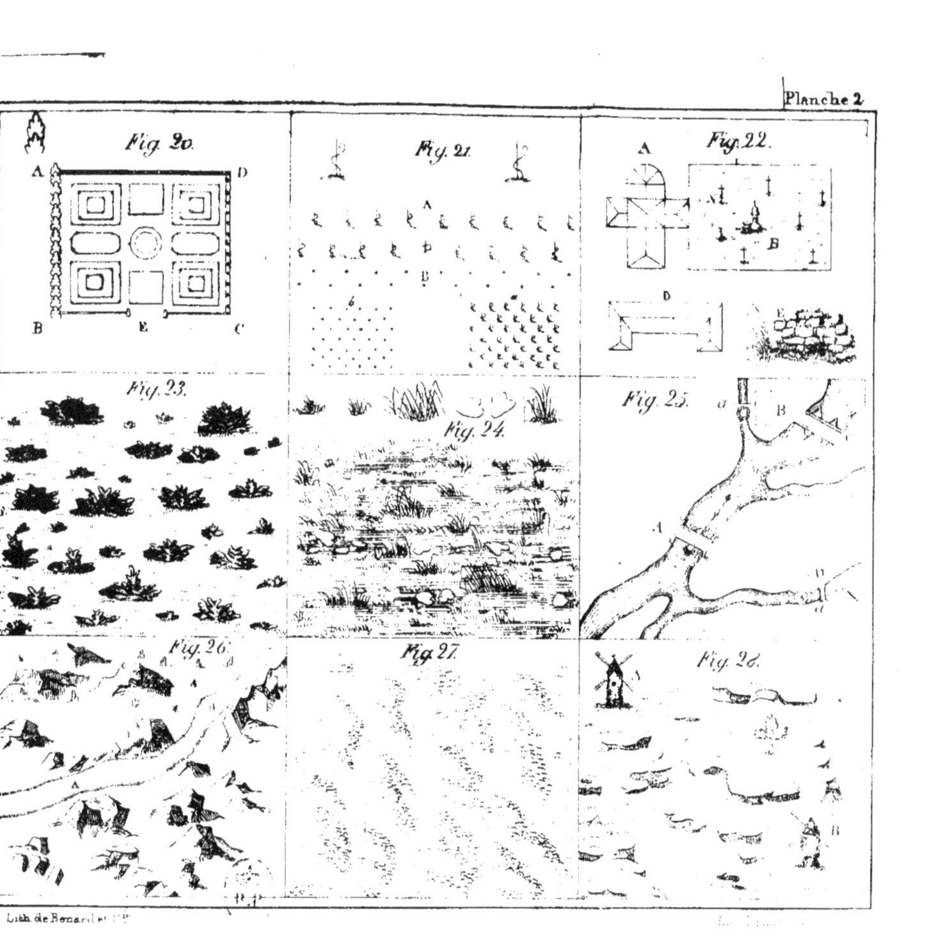

Lith. de Benard et Cie

Planche 3.

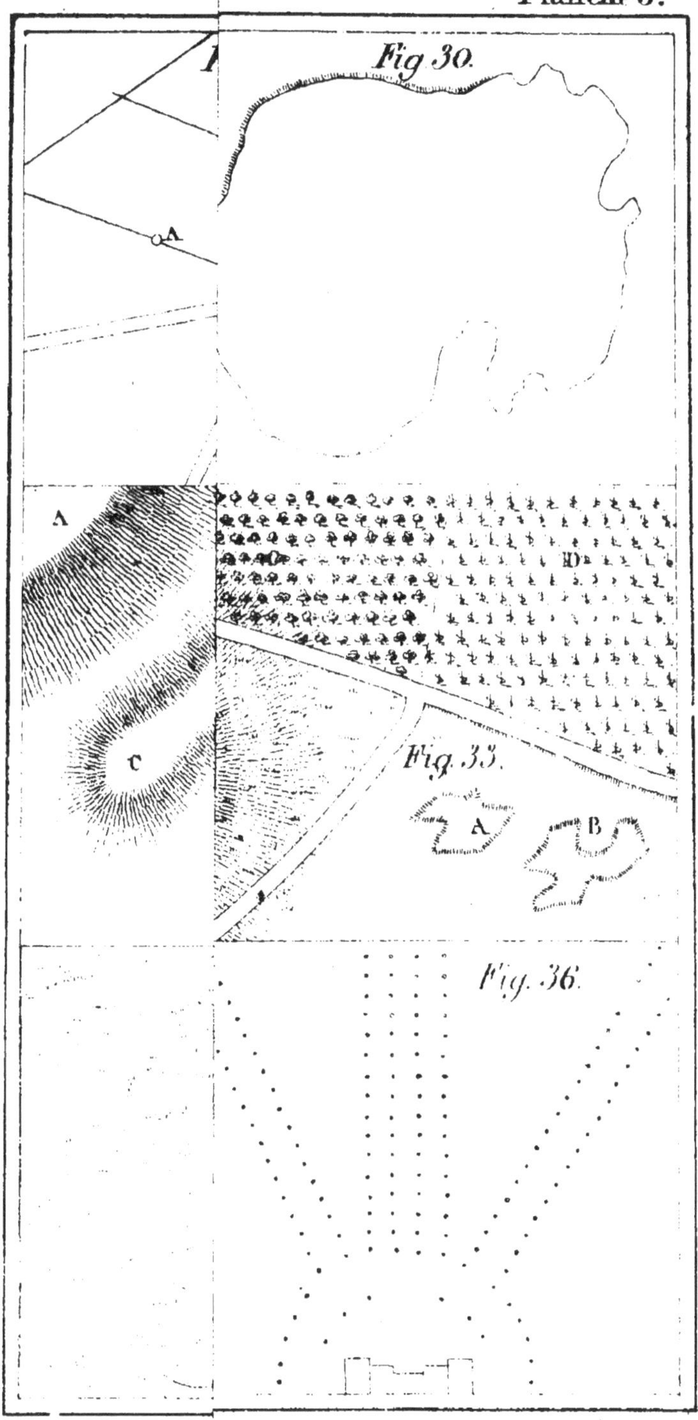

Planche 3.

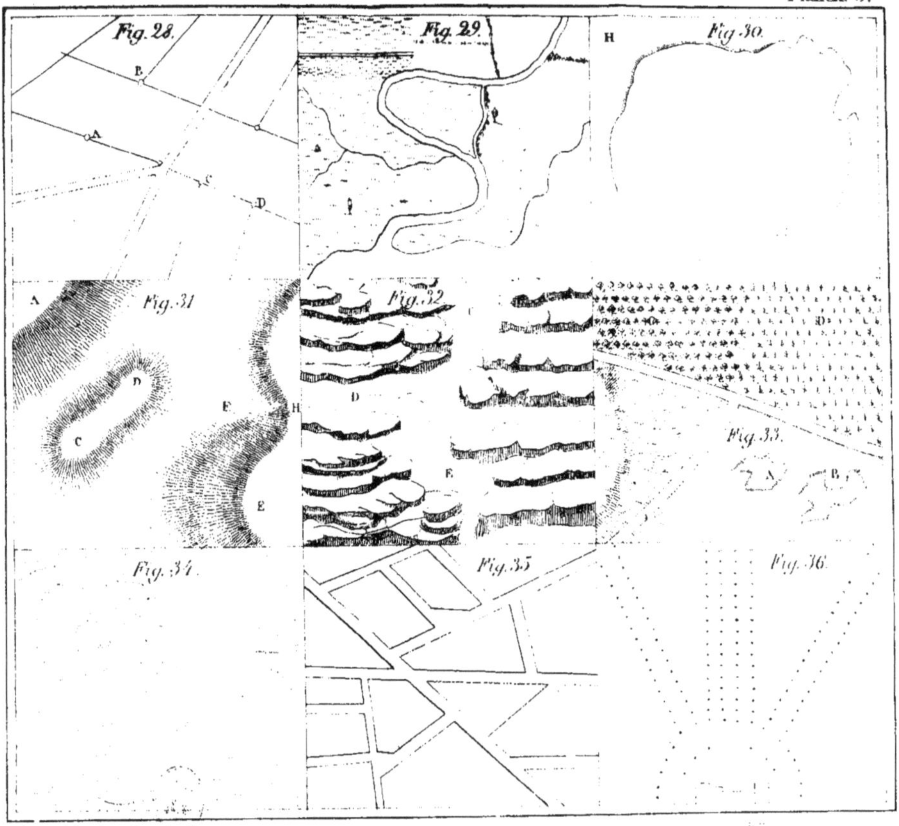

Fig. 28.

Fig. 29.

Fig. 30.

Fig. 31

Fig. 32

Fig. 33.

Fig. 34.

Fig. 35

Fig. 36.

EXTRAIT DU CATALOGUE GÉNÉRAL
De la Librairie de Pitois-Levrault et Cie,

MAITRE PIERRE
OU
LE SAVANT DE VILLAGE.

1. Entretiens sur la physique; par Brard. 40 c.
2. — sur l'astronomie, par Lemoire; fig. 40 c.
3. — sur l'industrie, par C. P. Brard. 60 c.
4. — sur la mécanique, par A. Pénot; avec beaucoup de fig. 60 c.
5. — sur l'histoire; par M. L. H. 60 c.
6. Histoire des français; par Burbon. 60 c.
7. Entretiens sur la chimie; par A. Pénot. 40 c.
8. — sur le calendrier par Bœrkel et A. L. Burbon, avec planches. 90 c.
9. — sur l'éducation; par Mæder. 40 c.
10. — sur la langue française. 40 c.
11. — sur la géographie; par Saint-Germain. avec cartes. 1 fr.
12. — sur la géographie de la France; par le même, avec cartes. 1 fr.
13. — sur la musique; par Le Dhuy. 50 c.
14. — sur les préjugés populaires; par Mæder. 50 c.
15. — avec ses petits amis; par X. Marmier. 40 c.
16. — sur l'art de bâtir à la campagne; par C. P. Brard. 40. c.
17. — sur Franklin; par Saint Germain. 60 c.
18. — sur la physiologie; p. le d^r Cerise. 60 c.
19. — sur la botanique; par le prof. Fée, avec planches. 90 c.
20. — sur l'hygiène; par Chambeyron. 60 c.
21. — sur la géométrie; par le prof. Sarrus: avec figures. 80 c.
22. Entretiens sur les animaux domestiques: par le Dr Lacauchie. 40. c
23. Notions sur l'agriculture; par V. Rendu. 60 c.
24. Entretiens sur les inventions utiles; par Saint Germain. 60 c.
25. — sur la navigation: par E. M. C. 60 c.
26. Éléments de géologie; par M 60 c.
27. Entretiens sur les voyages de découvertes: par Saint Germain. avec cartes. 1 fr.
28. — sur l'histoire de la révolution française; par le même. 1 fr.
29. — sur la morale; par Delcasso. 50 c.
30. — sur la zoologie; par le prof. Fée. 90 c.
31. — sur les animaux venimeux et les végétaux nuisibles: par le Dr Quenot. 90 c.
32. — sur l'histoire ancienne; par Saint Germain, avec cartes. 1 fr.
33. — sur les mammifères; par le Dr Lereboullet, avec figures. 90 c.
34. — sur la minéralurgie; par Ysabeau. 60 c
35. — sur les principaux personnages célèbres de la France jusqu'en 1789; par L. M. C. 60 c.
36. — sur les oiseaux; par le professeur Fee avec figures 90 c.
37. — sur l'hist. du moyen âge; par St. Germain. 1 fr. 25 c.
38. — sur le système métrique; par Bonnaire. 60 c.
39. — sur les plantes utiles à l'homme; par Millot. 75 c.
40. — sur l'histoire moderne; par Saint Germain. 1 fr. 25 c.
41. — sur la connaissance du corps humain; par le Dr Broc. *Sous presse.*

COLLECTION
DE
M. LE CHANOINE SCHMID.

Ornée de gravures et vignettes. Chaque volume in-18 broché. 40 c. Cartonnage ordinaire, 50 c. Joli cartonnage gaufré, 75 c. Figures coloriées, 1 fr.

CETTE COLLECTION SE COMPOSE DES OUVRAGES SUIVANTS:

Agnès ou la petite joueuse de luth.
La Colombe, le Serin et le Ver luisant.
Contes à l'adolescence; 2 vol.
La Corbeille de fleurs.
La Croix de bois, l'Enfant perdu et la Chapelle de la forêt.
Fernando.
Le bon Fridolin; 2 vol.
Geneviève de Brabant.
Guirlande de houblon.
Henri d'Eichenfels.
Ludovico.
Nouveaux petits Contes.
Les Œufs de Pâques.
Petits Contes.
Le petit Mouton et la Mouche.
Rose de Tannenbourg. 2 vol.
Sept nouveaux Contes.
Théophile.
Petit Théâtre.
La Veille de Noël.
Jean et Marie, ou les fruits d'une bonne éducation.
Eustache, histoire des premiers temps du christianisme.
Hyrianda, comtesse de Bretagne.
Itha, comtesse de Toggenbourg.
Les deux Frères.

Histoires de l'Ancien Testament.
Histoires du Nouveau Testament.

Suite aux Contes du chanoine Schm

La Chaumière irlandaise.
Pierre, ou les suites de l'ignorance.
Minona.
La famille Oswald.
L'ami des petits enfants.
Théâtre de la Jeunesse.
Iduna.
Charles Seymour.
Paraboles.
Nouvelles Paraboles.
Tellheim.
Théona.
La famille africaine.
Etrennes.
Nouvelles Etrennes.
La Barque du pêcheur.
Historiettes pour les enfants.
Le Petit Fauconnier.

ON TROUVE A LA MÊME LIBRAIRIE :

LEÇONS PRIMAIRES D'AGROMÉTRIE ou d'**ARPENTAGE**, à l'usage des écoles primaires, par M. GILLET-DAMITTE. Nouvelle édition, première partie. Un vol. in-12 cartonné. 75 c.

LEÇONS PRIMAIRES DE GÉODÉSIE AGRAIRE, ou Division du terrain ; par GILLET-DAMITTE. In-12, deuxième partie, cart. 75 c.

PRÉCIS ÉLÉMENTAIRE DE MATHÉMATIQUES, par Joseph MORAND.

Première partie. Calcul théorique et pratique. 1 fr. 50 c.

Deuxième partie. Géométrie élémentaire, Trigonométrie, Principes de la Géométrie analytique, Algèbre supérieure. 3 fr.

ARITHMÉTIQUE DES ÉCOLES PRIMAIRES, in-32, broché. 30 c.

ARITHMÉTIQUE RAISONNÉE, à l'usage des Écoles primaires ; par M. BAGET, principal du collége de Château-Thierry (Aisne); 2e édition. Un vol. in-12. 1 fr. 75 c.

LEÇONS ABRÉGÉES D'ARITHMÉTIQUE, par le même. 1 vol. in-12. 90 c.

TABLEAU DU SYSTÈME MÉTRIQUE. In-plano sur jésus.

ENTRETIENS SUR LE SYSTÈME MÉTRIQUE; par M. BONNAIRE. In-18, br. 50 c.

BARÊME PANTOMÊTRE, ou Système métrique appliqué à toutes les surfaces et à tous les solides, depuis un centimètre jusqu'à dix mètres; par MM. FAUTRAS et PERSONNE. Un vol. in-8. 5 fr.

ENTRETIENS SUR LA GÉOMÉTRIE, par SARRUS. In-18. br. 80 c.

Imprimerie d'HIPPOLYTE TILLIARD, rue Saint-Hyacinthe Saint-Michel, 30.

www.ingramcontent.com/pod-product-compliance
Lightning Source LLC
LaVergne TN
LVHW050424160826
845677LV00002BA/518